U0937700

服装创意设计与服饰搭配

周　盈◎著

中国原子能出版社

图书在版编目（CIP）数据

服装创意设计与服饰搭配 / 周盈著. -- 北京 : 中国原子能出版社, 2024. 11. -- ISBN 978-7-5221-3815-2

Ⅰ. TS941.2; TS941.11

中国国家版本馆 CIP 数据核字第 20250C95A4 号

服装创意设计与服饰搭配

出版发行	中国原子能出版社（北京市海淀区阜成路 43 号　100048）
责任编辑	杨晓宇
责任印制	赵　明
印　　刷	炫彩（天津）印刷有限责任公司
经　　销	全国新华书店
开　　本	787 mm×1092 mm　1/16
印　　张	13
字　　数	204 千字
版　　次	2024 年 11 月第 1 版　2024 年 11 月第 1 次印刷
书　　号	ISBN 978-7-5221-3815-2　**定　价**　72.00 元

版权所有　侵权必究

作者简介

周盈 女，1979 年 1 月出生，浙江宁波人，中共党员，毕业于浙江理工大学，服装艺术设计专业，大学本科学历，现任浙江纺织服装职业技术学院讲师，研究方向为服装工艺技术、服装与服饰设计。

主持宁波市级一般课题 1 项，发明专利 1 项。参与浙江省级课题 5 项、宁波市社科联课题 3 项、宁波市教育规划课题 3 项、“纺织之光”教学改革项目 1 项。于国内外期刊发表论文十余篇，参与项目荣获 2022 年中国纺织工业联合会教学成果奖二等奖，2022 年浙江省职成教优秀教科研成果二等奖，2024 年中国纺织工业联合会教学成果奖二等奖。

前　言

在当今这个快速发展变化的时代，服装设计不仅是设计出美丽的衣服，更是一种文化和个性的表达。设计师们通过不断创新，将传统与现代相结合，创造出既有历史韵味又不失时尚感的作品。同时，环保理念在服装设计中也越来越受到重视，设计师们开始探索如何使用环保材料和方法来减少对环境的影响。在设计理念上，服装设计师应该注重服装的舒适性和实用性。设计时，应考虑到不同体形的人群，确保服装的版型适合多样的身形。同时，设计师也应该思考服装的多功能性，例如，一件衣服是否可以适应不同的场合和气候。通过这种方式，设计师不仅能创造一件衣服，更能为顾客的日常生活提供解决方案。在色彩选择上，设计师可以大胆尝试，不必拘泥于传统。应探索色彩心理学，了解不同颜色对人的情绪和感觉的影响，从而创造出能够激发积极情绪的服装。同时，也可以通过色彩的搭配来讲述故事，传达特定的主题或情感。

服饰是一个人仪表非常重要的组成部分，服饰搭配则是个人风格与服装设计理念的融合。在日常工作和交往中，尤其是在正式场合，穿着打扮的问题越来越引起人们的重视。从这个意义上说，服饰礼仪和搭配技巧是人人皆需要认真去考虑、去面对的问题。服饰搭配也是一门艺术，服饰所传达的情感与意蕴甚至不是语言所能替代的。在不同场合，穿着得体、适当的人，会给人留下良好的印象；而穿着不当则会降低身份，损害自身形象。因此，在当今时代，掌握着装的常识、原则以及服饰礼仪和搭配技巧，对不同层次、不同年龄、不同身份的人都很重要。

本书第一章为服装设计概述，分别介绍了服装与服装设计、服装设计的美学原理、服装设计主题与灵感和服装设计创新理念四个方面的内容；本书第二章为基于图案的服装创意设计，主要介绍了云纹在服装创意设计中的应用、汉字图案在服装创意设计中的应用两个方面的内容；本书第三章为基于面料的服装创意设计，分别介绍了三个方面的内容，依次是服装面料概述、服装面料创意设计技法、面料设计在服装创意设计中的应用；本书第四章为基于传统工艺的服装创意设计，依次介绍了刺绣工艺在服装创意设计中的应用、扎染工艺在服装创意设计中的应用、其他工艺在服装创意设计中的应用三个方面的内容；本书第五章为服装搭配技巧，主要介绍了五个方面的内容，分别是基于体型的服装搭配、基于色彩的服装搭配、基于流行的服装搭配、基于场合的服装搭配、基于材质的服装搭配；本书第六章为服装配饰搭配技巧，主要介绍了四方面内容，依次为领带的搭配、丝巾、围巾的搭配、包的搭配、其他配饰的搭配。

在撰写本书的过程中，笔者参考了大量的学术文献，得到了许多专家学者的帮助，在此表示真诚感谢。本书内容系统全面，论述条理清晰、深入浅出，但由于笔者水平有限，书中难免有疏漏之处，希望广大读者批评指正。

目 录

第一章　服装设计概述

在自然界的生命谱系中，万物以独特的形态与色彩共绘地球的多彩画卷。然而，唯有人类能凭借其卓越的智慧与创造力，超越自然界的既定框架，通过服饰这一独特媒介，实现自我形象的重塑与美学追求。服饰，作为社会个体与自然界分野的标志，不仅是身体的外在覆盖物，更是人类文化、理想与情感的外化表达。服装设计是设计师运用空间布局、面料特性及工艺手段，在人体与面料之间构建起的三维艺术形态。这一过程融合了艺术创作与实用功能，旨在创造出既反映设计师个人哲学与审美，又紧贴时代潮流趋势的服装作品。它追求的不仅是形式上的美感，即服装的线条、比例与结构，更在于内容上的丰富，旨在通过服饰传递情感与文化内涵。随着社会的进步与文明的发展，服装设计逐渐成为公众关注的焦点。

本章简要介绍了服装设计，主要从四个方面进行了阐述，分别是服装与服装设计、服装设计的美学原理、服装设计主题与灵感、服装设计创新理念。

第一节　服装与服装设计

一、服装

作为人类文化的重要组成部分，服装文化自古以来便随着人类文明的发展不断演进。广义的服装泛指一切能够修饰人体的物品；狭义的服装专指采用织物等柔软材料制作的日常生活着装。服装设计是一门综合的艺术学科，材质科学、款式设计、造型美学、图案装饰以及工艺技术等领域，共同构筑了服装艺术的多元化美学体系。服装的款式设计与形态塑造、面料质感以及色彩搭配，共同定义了服装实用与装饰的双重功能。而制作技艺则是将设计理念转化为实体作品的关键，确保了服装在内在品质与外在风貌上的和谐统一，展现了服装独有的艺术魅力与审美价值。服装设计是对人类身体美的探索与颂扬，是对人类文明、情感与梦想的深刻表达。在快速变化的当代社会，服装设计将持续以其独特的艺术语言，记录时代变迁，引领审美潮流，丰富人类的精神世界。

（一）服装的物理特征

1. 设计特征

（1）造型特征

服装设计是视觉艺术领域的一个重要分支，其核心在于通过服装外形的轮廓构建，影响并塑造观者的视觉印象。在整体设计中，服装款式的创新与变革发挥着重要作用，服装外形的变化虽受限于人体形态的固有特征，却总能彰显人体的美感，展现出无限的艺术创意。因此，服装造型设计师需具备对“型”的深刻洞察与精准分析的能力，以预见并引领时尚潮流的走向。

（2）色彩特征

服装色彩是影响服装外观吸引力的首要元素，色彩所传递的印象与感受，根植于其固有属性，即色相、明度与纯度的综合作用之中。人类对色彩的反应既直观又深刻，这就要求设计师在选择与搭配色彩时，需综合考虑目标群体的多样化特征，如年龄层次、个性特征、文化修养、兴趣偏好及气质类型等，同时兼顾不同社会文化背景对色彩情感解读的差异。服装色彩设计应实现精准定位，其色彩组合方式直接关乎服装整体风格的塑造与表达。

2. 材料特征

（1）面料特征

面料是服装的物质基础，其性能与特性的充分利用是确保设计成功的关键。设计师需深入挖掘并展现面料的独特魅力，使之与服装的造型设计及整体风格相得益彰。柔软型面料轻薄、悬垂性佳，能以流畅的线条勾勒人体自然曲线，在服装设计中常用于简约直线造型以展现优雅的身姿；挺爽型面料以清晰的线条与体量感，塑造出饱满的服装轮廓，适合用于强调造型精确度的设计场合；光泽型面料凭借其表面光滑反光的特性，赋予了服装闪耀夺目的视觉效果，是晚礼服及舞台装的首选，其设计自由度极高，既可简约亦可夸张；厚重型面料具有稳定的视觉表现力和形体扩张感，设计过程中应避免繁复装饰，以 A 形与 H 形结构展现最佳形态；透明型面料以其轻薄通透的质感营造出一种优雅且神秘的艺术氛围，常用长方形和圆形进行设计。

（2）辅料特征

服装辅料是服装设计不可或缺的组成部分，与服装主体之间具有紧密而微妙的内在关联。首先，辅料是服装设计创意的重要载体与表现手段。设计师需借助多样化的辅料来实现其设计理念与构思。优秀的服装造型与结构设计唯有与适宜的辅料相匹配，才能展现其独特的艺术魅力，从而使设计构想得以完美诠释。其次，随着当代服装潮流的多元化发展，对服装辅料的需求也呈现出日益复杂的态势。服装设计的思潮演变，不断驱动着辅料在材质、形态及功能上的革新，成为推动服装设计领域持续进步的重要动力。面料是服装设计的基础语言，而辅料则以其独特的装饰与功能性成为设计中的点缀。最后，服装设计并非单纯进行主观想象与创造的过程，而是设计构思、面料选择及辅料应用的深度融合过程。在这一过程中，辅料是设计师表达个性与情感的重要媒介。因此，设计师需具备敏锐的感知力，深入挖掘并捕捉辅料所蕴含的独特气质与特性，通过精妙的处理手法，将辅料的内在美以最直接、最生动的方式展现，实现设计理念与辅料品质的完美统一。

3. 制作特征

（1）结构特征

服装结构是服装设计的重要组成部分，是造型的延伸和发展，同时也是工艺设计的前提和基础。细致分解的平面衣片，只有通过工艺设计手段，才能成为立体形态的服装款式造型，进而完成最终的服装设计目的。服装结构的目的在于将设计理想变为现实，运用服装结构的基本理论，进行服装结构制图并制作出工业用样板，实现成衣工业化生产中的样板制作与排版。

（2）工艺特征

服装工艺制作是服装从构思设计到成品体现的一个必要环节，是服装设计从平面图纸到三维造型形态得以完成的重要手段，也是影响服装设计的重要因素之一。工艺手段可以使服装造型更加适合人体，展示个性。服装工艺手段包括测量、打板、车缝、熨烫等一系列裁剪、缝制与加工程序。在服装制作工艺层面，技术的精湛与否直接关系到最终作品的呈现效果。面对不同款式与风格的设计需求，选用合适的服装材料，进行科学的排版布局、精确的裁片与细致的缝合，都是工艺制作中不可或缺的环节。操作技术直接影响着作品的品质与完美度，是服装设计从理念到实物转化的关键所在。

（二）服装的精神特征

1. 审美特征

服装作为艺术与技术深度融合的产物，其本质蕴含了丰富的艺术特性。艺术与技术协调统一体现在材料的选择、造型的塑造、款式的创新以及工艺的精进等多个维度，共同构建了服装在外形与内涵上的艺术形象与美学意蕴。审美意识作为人类精神活动的重要方面，在服装鉴赏过程中得到了淋漓尽致的展现，它贯穿于人们挑选、试穿到评价服装的每一个环节，最终形成个性化的审美体验。随着社会生活品质的持续提升，人们对于服装的审美追求已超越单纯的款式、色彩、材质及配饰搭配，转而更加注重服装与个人身份、形象及气质的和谐，呈现出一种高度个性化的审美趋向。人文艺术的丰富性进一步推动了服装流行色彩向个性化、自我表达的方向发展，促使服装审美标准趋于多元化。

2. 象征特征

在特定文化背景的影响下，服装设计语言承载了丰富的象征意义，成为民族认同、集团归属、地域特色以及个人品行的象征。我国自秦汉时期便已形成初具规模的冠服制度，并随着时代的发展日益完善。古代帝王将相的官服是其权力与地位的象征，是神圣不可亵渎的尊严标志。服装是一种符号，人们通过这种符号来表达自己。人们之所以用服装来代表不同的身份、地位、职业，是因为服装的款式、材料和色彩等可以按照人们的意愿创造性地进行设计，这样就能够将不同服装之间的差异性体现出来。在当代社会，服装的标识功能同样重要，它有效区分了不同的职业身份。职业装的兴起极大地提升了职业群体内部成员对其职业身份、集团形象的认同与归属感，激发了工作中的积极性与荣誉感，对增强团队凝聚力、促进竞争与发展起到了积极作用。而学生校服则在标识身份之余，促进了学生学习专注度的提升与团队协作的加强。

3. 风格特征

服装设计风格是设计师个体精神风貌与情感追求的物化表达，是设计元素——款式、色彩、材质及服饰搭配综合作用下的统一视觉呈现，它彰显了设计师的独特视角，传递着深刻的审美追求与创作理念。服装的风格特质是多种设计元素交织融合的产物。其中，设计元素作为构筑服装风格不可或缺的基石，涵盖了造型形态、色彩搭配、面料质地、辅助材料、图案纹饰、部件构造、装饰手法、形式语言、搭配逻辑、配饰选择、结构布局以及工艺技术等众多方面。在当代设计语境与审美趋势下，服装风格日益多元化，这要求服饰艺术深掘自然界、历史及传统文化中的设计资源，紧密依托现代科技力量，以前瞻性的视角展现对未来世界的创意构想。因此，作为现代服饰艺术的创作者与诠释者，设计师必须保持对多元化审美趋势的高度敏感与深刻理解，致力于创作令人耳目一新、富含深意的艺术作品，在引领时尚潮流的同时，触动观者的心灵。

二、服装设计

在日常生活中，衣食住行构成了人们活动的基本框架，而“衣”作为这一系列活动的起点，其重要性不言而喻。服装设计围绕的核心是服装的直接受众——

人，设计过程是在既定的人体形态基础上，探索并创造出形态万千的设计构想。这一过程深刻体现了美学原则的应用与转化，旨在创造出既新颖多变又广受大众青睐的服装作品，进而服务于社会的全面发展、市场的繁荣以及经济的持续增长，这是服装设计的核心价值。

（一）服装设计基础

1. 对材料的认识

服装材料是服装的实体基础与设计灵感的来源。首先，材料是设计师表达创意与构想的物质媒介，优秀的造型与结构设计需借助适宜的面料与色彩方案才能完美呈现；其次，面对服装行业日益多元化的趋势，材料创新成为推动设计发展的关键力量，服装设计理念的演进持续驱动着面料的革新。设计师需要精准把握面料特性，确保其功能在服装中得到充分发挥，同时紧跟时尚潮流，勇于尝试并开发新型布料，或是通过面料组合的创新实践，为服装设计注入更多新颖元素。

2. 对色彩的认识

色彩是服装给予人的第一视觉印象，在服装设计中占据重要地位。在人们的感知序列中，色彩往往先于造型、材料与工艺被注意到。服装色彩设计的复杂性在于，单一颜色的美丑难以孤立评判，其美学价值需在与其他色彩的搭配中才能显现。因此，在设计中，色彩的搭配与组合策略直接关联到服装整体风格的塑造与表达。理想的色彩搭配应追求视觉美感与环境的和谐统一，且蕴含深刻的艺术魅力和明确的文化寓意，同时充分展现服装的功能性与实用性。

3. 对样板的认识

在服装样板设计阶段，首要关注的是款式的美感塑造。样板设计需考量服装的每一个细节，包括点、线、面的布局与组合，力求在保持服装基本形态的基础上赋予其独特的审美价值。科学合理的样板设计能提升服装的穿着舒适度与功能性，彰显设计师的艺术追求与创意思维。在服装设计中，深入理解各元素间的相互关系，并将之与人体工学紧密结合是至关重要的，设计师应避免造型设计与样板制作的脱节。某些服装虽款式好看，但结构却十分不合理，设计师不应一味追求结构上的可行性而忽视造型的艺术表达，导致设计杂乱无章、整体比例失衡，削弱服装的整体美感。成熟的服装设计应当建立在对样板的深刻理解之上，唯有如此，才能确保创意构思全面而精准地展现。

4. 对工艺的认识

造型要素固然是服装设计不可或缺的基石，但工艺要素同样对服装的最终呈现具有深远影响。设计师在追求造型的唯美、时尚与个性化时，也需兼顾工艺实现的可行性，满足工业化生产的经济要求与效率要求。近年来，装饰工艺以其鲜明的民族风情、独特的装饰魅力及多样化的表现手法，赢得了广泛青睐。刺绣、装饰缝、蕾丝、毛皮、镶边等工艺手法的运用为服装设计增添了光彩，极大地丰富了设计的表现手法与内涵。

5. 对人体的认识

无论服装设计的潮流如何更迭，服装设计始终围绕人体展开。所有设计构思与形式创新，均不可脱离人体结构这一根本。以上衣设计为例，颈部与腰部作为人体的重要部位及活动关节点，自然成为设计的焦点。无论是高领、低领的设计变化，还是束腰、松腰的款式调整，均是基于这些关键部位的基本形态进行组合与创新，旨在强化人体的动态美感与穿着的舒适度。服装的穿着，本质上是为了彰显人体的自然美，弥补体态上的不足，通过服装的设计实现对人体自然形态的修饰与美化，从而达到装饰与实用的双重效果。

6. 对功能的认识

人类的祖先为了在自然界中避免遭受伤害，想方设法包裹自己的身体部位，以求更好地生存下去，这就是今天衣物的雏形，驱寒遮羞都是服装功能性的最初表现。服装具有在不同环境中满足人体生理需要和活动要求的实用功能，它源于人类的生存需要，通过穿着衣物，使生活和行动更加便捷舒适。所以服装一方面具有满足人类生理卫生方面的实用性；另一方面，服装还适应、促进了人类生活行动方面的需求。职业服、运动服、休闲服等都具有较强的实用功能性。

（二）服装设计原则

服装设计的核心追求是构建出既美观又新颖的视觉形象。然而，鉴于服装作为实用性产品设计的本质，单纯追求视觉上的美感是不够的，服装设计必须兼顾美观性与人体功能需求以及舒适感的和谐统一。

1. 机能性原则

服装需伴随人体的动态变化而活动。若服装设计仅追求静态美而忽视人体活动的需要，此类服装将因欠缺实用性而难以获得普遍接受。例如，过分收紧直筒裙下摆以凸显腰臀曲线的设计会严重限制穿着者的行走自由。20 世纪初期的霍布尔裙因其影响行走而得名“蹒跚裙”。洛可可时期女性所穿的庞大裙装，借由鲸骨、铁丝等填充物支撑裙摆，不仅妨碍了基本的坐卧动作，甚至通过寻常宽度的门框都成为挑战，此类设计显然无法适应现代生活的高效率，因而难以被现代审美所接受。

2. 流行性原则

服装设计的精髓之一在于其空间形态的整体布局与内部结构的构建。随着时代的变迁与流行趋势的更迭，服装造型每约 20 年经历一次大的变革，其间虽有重复的元素出现，但每次循环中元素的外形与细节均会有所微调与创新。设计师需具备对流行元素的敏锐洞察能力与深刻分析能力，以便预测并引领未来的时尚潮流。时尚元素常与社会热点紧密相连，多元的文化思潮不断催生风格迥异的服装设计。

3. 材料性原则

面料是服装设计不可或缺的物质基础，其选择与应用同样重要。确定服装设计方案后，需挑选适合的面料，并通过一定的工艺技术将之转化为实体产品，这一过程即设计理念的物质化实现。在服装设计中，材料是基础，其重要性无可比拟。面料是确保设计理念转化为实际服饰的先决条件，为服装设计的实施奠定了物质基础。脱离了对材料的考量，服装设计便如同空谈。因此，对于服装设计师而言，深入理解并精心选择材料，是推动设计理念转化为服饰作品的关键。

4. 制作性原则

在服装设计实践中，构思过程与制作流程之间存在互动关系，影响着设计作品的最终形态。设计师脑海中的创意图像是思维活动的产物，往往与随后转化为三维实体的过程之间存在差异。这一差异主要源于制作过程中不可避免的客观条件限制，而设计构思本身则在理论上拥有无限的自由与可能性。制作活动对设计构想有着一定的约束与引导作用，促使设计师不断审视、调整和完善原有设计。设计师在构想阶段需对服装的每一个细节进行深度思考，包括造型的创意、色彩的搭配、材料的选择，以及分割的比例、位置的安排等。同时，还需预见到制作过程中可能出现的曲直变化、软硬对比及人体工学适应性等问题。在实际制作中，这些预先设想需经历不断的试错、修正与优化，从而促使设计的原创理念得以深化和升华。此外，构思与制作之间的差异在解决过程中往往能够激发设计师产生新的灵感，成为推动设计创新的重要因素。许多时候，正是制作过程中的意外发现，促使了设计师对原设计进行进一步的丰富与完善，实现了从设计到再设计的跨越。

5. 经济性原则

在当代社会背景下，服装的意义已远超其基本的遮体保暖功能，成为经济水平和文化文明的重要象征。经济作为社会生产力发展的必然结果，是国家稳定与发展的基石，也是推动服装消费与流行趋势的核心力量。社会经济环境直接映射了生产关系的变革，对服装的流行趋势与消费者的购买偏好产生了深远影响。经济条件作为衡量消费者购买能力的重要标尺，是对国家经济实力的客观反映，更是决定服装流行与否的关键因素。因此，服装的流行现象与国民经济的繁荣程度之间存在内在联系。

6. 审美性原则

服装设计的审美核心在于对形式美的不懈追求。审美性作为设计作品的重要属性，指的是作品本身所蕴含的可供观赏与品味的艺术价值。在审美活动中，设计师与消费者共同构成了审美的主体，而服装则是审美的客体。审美主体通过观赏服装作品感受美的存在，在精神上获得满足。服装设计需要通过多样化的展示方式来实现审美价值的传递，设计师不能简单地顺应大众的即时喜好，而是要站在艺术与文化的高度，为观众提供高雅、健康且充满新意的作品，从而激发大众内心深处对于美好事物的渴望与追求，引领社会审美风尚。

7. 舒适性原则

随着人类文明的进步与价值观的转变，人们愈发重视与自然和谐共处的生活哲学。在这一背景下，以人为本的设计理念在服装领域得到了充分应用。服装是日常生活的必需品，设计师在设计服装的过程中，应秉持“非束缚、重体验”的原则，确保每一件作品都能让穿着者感到舒适。因此，尽管服装设计的风格与元素千变万化，但追求穿着的舒适度已成为当下设计的核心要义之一。将以人为本的理念融入服装设计，就是要在满足基本穿着功能的基础上，进一步探索如何通过材质的选择、版型的优化以及细节的设计，使服装成为穿戴者个性表达的媒介。

（三）服装设计风格

风格体现了创作者对艺术理念的独到见解及采用的独特表现手法，使作品展现出了别具一格的面貌特征。服装设计属于造型艺术的范畴，同所有的艺术形式一样，通过色、形、质的组合而表现出一定的艺术韵味，服装风格就是这种韵味的表现形式。好的服装作品就是一件艺术品，有自己的风格倾向和含义。

1. 硬朗风格

硬朗风格服装线形挺拔简练，大量运用直线条，面造型与体造型占大多数，且面造型通常较为宏大。细节处理上，零部件设计偏向夸张，几乎不使用装饰元素，所选材质的质感多是厚实与硬挺的。

2. 柔和风格

柔和风格服装以丰富的线造型为特点，线条细密且柔和，曲线占大多数，细褶密集，营造出一种温婉细腻的氛围。此类服装体造型应用相对较少，装饰繁多且精致，零部件设计尤为考究。材质选择上倾向于柔软且悬垂性良好的面料。

3. 严谨风格

严谨风格的服装以面造型为主，线造型用得较少，线形简练，弧线居多；紧身合体，讲究细节处理，服饰配套到位；所用材质精致且富有弹性。

4. 松散风格

松散风格服装融合了体造型与面造型，常见A形或O形等自然宽大的廓形，线条多变且曲折，展现出一种随性自然的风格。装饰手法较为随意，零部件常以外露形式呈现，材质选择上倾向于粗糙疏松的面料。

5. 简洁风格

简洁风格服装追求线形的流畅自然与结构的合体性，整体造型呈直线；零部件数量少且布局独特，多使用面造型，对比效果较为柔和；材质选择范围广。

6. 繁复风格

繁复风格的服装特点在于对体造型与点造型的频繁使用，多使用短且硬的线形，分割线复杂多变，局部造型多变且琐碎。元素间常形成对立关系，附件与装饰繁复多样。繁复风格的服装更倾向于选择硬挺且反光的材料，以进一步增强视觉冲击力。

（四）服装设计造型

服装造型是依托人体以外的空间，运用面料特质与工艺构建的三维艺术形态，体现了人体美与织物美融合的立体美学。广义上，服装造型设计涵盖服装外在轮廓以及内部款式结构的塑造。但在实践中，服装造型设计往往更关注服装的外部形态设计。

1. 造型是产品的空间架构

在服装设计的市场推广中，造型成为设计师划分产品系列、彰显设计理念的关键切入点。对造型的深入研究直接影响着设计作品的审美价值与功能实现，是服装设计过程中不可或缺的一环。将轮廓不同的单品进行搭配与组合，可以丰富视觉层次，增强整体设计的生命力。服装内部的细节设计是整件作品的点睛之笔，可以提升作品的魅力，促进设计系列的内在统一与整体完善，使系列作品在视觉上呈现出和谐统一的艺术效果。因此，服装造型设计是系列产品开发的基础框架，是设计师空间布局与创意表达的核心要素。

2. 造型是流行的主要内容

造型的变迁是推动时尚潮流的重要力量，设计师需具备敏锐的洞察力和分析能力，以预测并引领未来的时尚走向。服装造型元素的演变与每一时期的社会文化热点紧密相连，深受流行趋势的影响。风格迥异的服装设计在造型上展现出显著的差异。通过对色彩、图案、造型、材料、肌理、配饰等多元流行元素的综合解析，可以清晰地看到，正是这些元素的相互作用形成了服装的流行趋势。因此，深入理解并把握这些流行元素，对于设计师预测流行趋势、进行创新设计具有不可估量的价值。深入研究流行元素有助于掌握现代服装设计的方法论，增强造型构思中的内在联系与创新性。

3. 造型是制作的参考依据

服装设计是艺术与技术的结合体，其创作过程注重通过制作细节直接塑造并外化设计作品的视觉形态。制作美作为服装美的组成部分，是服装外在审美价值的重要体现。在评估服装设计优劣的过程中，精湛的制作工艺、对人体工学原理的精准把握以及对人体形态的美学提升，是评判的核心要素，同时也是引导消费者选择的关键因素。即便使用相同的造型与材料，不同的制作工艺与处理方式也能够赋予作品截然不同的风格韵味，彰显设计的多元魅力。制作工艺上的多样性极大地丰富了设计的表达语言。全球知名的服装品牌无一不以其卓越的制作工艺和对人体需求的深刻理解著称，这些品牌凭借精湛的制作技艺与对美的极致追求，成功地吸引了全球消费者的目光。制作并展现服装之美，不仅是服装设计流程中至关重要的环节，更是塑造品牌与提升市场竞争力的核心策略之一。

4. 造型是机能的实现工具

狭义上的服装功能就是指服装的机能性。服装机能性包括了服装的一系列功能，如防护功能、储物功能、健身功能、舒适功能等。任何服装在设计时都有具体的设计要求和设计目的，尤其对于实用服装设计来说，服装功用的机能美是设计的一个重要方面，许多服装在设计时必须坚持机能性第一的原则。造型设计与服装机能的关系在造型美的众多关系中尤为重要，即使服装造型再怎么新颖奇特，离开了一定内容的服装机能，便有可能会变得毫无美感可言。因此，再千变万化的造型也不能失去服装机能。

（五）服装设计要点

1. 创造性

在社会的演进与人类文明的发展进程中，持续不断的创造力是推动这一切向前发展的关键力量。这种创造力根植于人类对既有现实的不断超越，引领着人类向更高层次迈进。在服装设计领域，人类追求变化的天性成为设计创新的不竭源泉，创造性设计是服装设计的前提。若服装设计仅仅停留在模仿的层面，那么它将失去其存在的核心价值，难以触动人心，更遑论赢得市场的青睐。因此，设计师在进行服装设计时，必须紧密围绕消费者的心理需求，充分发挥想象力，运用前所未有的设计理念、别出心裁的表现形式，以及全新的技艺手法，创作出充满新意的作品。如日本设计大师三宅一生的作品无论从造型上还是从材质上都具有很强的创造性。

2. 适用性

服装是兼具实用价值与装饰作用的产品，其最终使命在于满足人们对穿着舒适度与美感体验的双重追求。作为商品，服装唯有通过消费者的购买才能实现其应有的价值。服装设计应确保产品的美观与实用性并重，以此作为设计工作的出发点与落脚点。设计师需深入剖析消费者的心理，针对不同人群的需求量身定制服装款式，力求每一件作品都能赢得消费者的喜爱与社会的认可，进而不断拓展服装消费市场。

3. 艺术性

服装不仅是日常生活的必需品，更承载着艺术审美与文化内涵。其艺术性体现在设计的精巧、美观与实用性的完美融合上，旨在最大限度地满足人们对美的追求与享受。因此，服装设计师需精准把握消费者的审美偏好与审美趋势，遵循艺术设计的准则，打造出款式得体、符合个人特点与环境氛围，色彩时尚而不失经典，搭配和谐统一，能够与不同人物、场合及环境相得益彰的服装作品。

4. 时代性

服装是社会经济发展水平与时代风貌的反映，每一时期的服装风格都具有那个时代的印记与特色。随着时代的变迁，不同的服装潮流应运而生，塑造了各具魅力的时尚风貌。因此，服装设计必须紧跟时代步伐，融入鲜明的时代元素，以创新的视角和前瞻性的设计理念，引领服装行业的潮流趋势，展现服装作为社会进步与文化传承重要标志的独特魅力。

5. 超前性

随着社会经济的发展、民众生活品质的提升以及人类文明的进步，人们对服装的期待已远远超越了基本的遮体保暖功能，转而追求个性化表达以及文化价值的彰显。在全球化背景下，世界潮流纷繁多样，人们的审美观念与消费需求也展现出前所未有的多变性和前瞻性。面对这样的时代特征，服装设计必须展现出强大的适应性与引领力，精准把握当下潮流的走向，确保每一季的设计都能与时代精神同频共振，同时还要勇于探索未知，具备一定的超前设计理念，以前瞻性的视角预见并引导未来的时尚趋势。设计师们需勇于突破传统框架的束缚，不畏创新路上的挑战与失败，即便某些前卫设计在初期可能遭到市场的冷遇，也应坚持自我、不断试错，在传承与创新之间找到最佳平衡点。

第二节　服装设计的美学原理

现代服装设计整体美感的产生，离不开它具体的构成要素和美的形式法则，掌握这些美学原理是顺利完成服装设计工作的基础。

一、服装形式美的构成法则

服装作为人类审美领域中的核心元素之一，在长期的社会生活实践中，经由不断的创新与探索，逐渐形成了一系列与广泛艺术门类共通的美学原则，即形式美法则。这些法则在提升设计品质、引导设计思维方面发挥着至关重要的作用，具体包括比例、平衡、韵律、强调、调和与统一五大方面。

（一）比例

比例是界定物体间相互关系的基本准则，包括面积、长度、数量和程度的关系。

对于比例的研究可划分为两大类：一是基于自然科学视角的研究；二是基于视觉美感表达的艺术性研究。研究方法主要有三种：一是百分比法；二是黄金比例法；三是基准法。服装设计领域更为关注的是能够传达视觉美感、增强艺术表现力的比例研究。

人类对比例的认知可追溯至远古时期，在古希腊，建筑师们已能娴熟运用比例法则构建神殿，如巴特农神庙。值得一提的是，古希腊人创立的黄金分割率（1∶1.618），至今仍是公认的美学黄金标准，深刻影响着艺术创作与设计实践。例如，被誉为古希腊雕塑巅峰之作的维纳斯像，其完美体态便是严格遵循黄金分割率而塑造的，整体身高为八个头长，各部分比例完美符合黄金比，展现出无与伦比的和谐美。

黄金分割法的应用简便而高效，通过简单的直线分割，将线段按黄金比例分配（如 8 等分后取 3/8 与 5/8），即可实现视觉上的最优平衡。

在服装设计中，这一原理同样适用。以连衣裙为例，若设定上衣背长为40厘米，通过黄金分割法计算裙长的方法为：设定上衣的尺寸（40厘米）为1，按照黄金比率，裙子的长度为上衣长度的1.618倍，即40×1.618≈64.7（厘米），裙子的长度就等于64.7厘米，整件连衣裙的黄金分割即为40∶64.7。一般来讲，一套服装上的袖子、领子等也都可以按照此种方法来进行比例的设计安排。

当然，相对于整个服装设计而言，仅以黄金比例的分割方法来进行设计是远远不够的。服装的比例受到了人体、衣服、饰品等多方面因素的影响。所以，对于服装设计来讲，其比例关系主要还体现在以下几个方面。

1. 服装各局部造型与整体造型的比例关系

在服装设计中，打造一款引人入胜的款式造型的关键在于确保服装各组成部分在面积配比、线条延展等维度上遵循和谐的比例。这一过程涉及腰节线的调整、领型与衣身的匹配、剪接线的布局、上下装长度的协调、纽扣尺寸与数量等。

2. 服装造型与人体的比例关系

人体着装后所展现的比例是塑造整体造型的关键，未能正确设置比例将削弱服装的视觉与穿着效果。比例关系在服装设计中可分为三个方面：一是上衣与身高的关系；二是上衣、裙子与人体的关系；三是服装围度与人体的关系。

3. 服饰配件与人体的比例关系

服饰配件与人体比例之间的关系同样是服装设计中的重要内容。一般而言，高挑健硕的个体更适合佩戴大尺寸、风格粗犷的饰品，而娇小玲珑之人则应以小巧精细的饰品点缀。

值得注意的是，服装的比例美学也随时代变迁而不断演进。设计师需紧跟潮流趋势，灵活调整比例配置，以满足不同时期、不同人群的审美需求。有时，人们偏爱接近黄金分割比例的款式，以追求一种经典而和谐的视觉享受；而在某些时期，非传统的比例配置也可能成为流行趋势，因它能够展现个性与创新的魅力。因此，作为一名服装设计师，具备对新比例趋势的敏锐洞察力与创新能力，是塑造时尚经典、引领潮流风尚的关键。

（二）平衡

平衡这一概念源于只有天平两侧的重量一致，秤杆才得以维持稳定的水平姿态的现象。在服装设计中融入平衡的理念，可以使作品展现出沉稳、安定而和谐的视觉效果。平衡的艺术形态分为两大类别：对称平衡与不对称平衡。

1. 对称平衡

对称平衡，顾名思义，指以某假想中心线为基准，左右两侧在形态、排列等方面呈现出镜像般的对应与和谐的平衡方式。这种平衡方式不仅在传统艺术造型中占据一席之地，在现代设计中也屡见不鲜。天安门城楼作为中华建筑的瑰宝，其严谨对称的外观设计便是这一美学理念的集中体现。在服装领域，对称平衡的设计往往展现出一种庄重而直接的美感，适合在正式场合，如礼仪庆典或职场穿着。然而，若处理不慎，对称平衡也可能落入单调乏味、缺乏新意的窠臼。

2. 不对称平衡

通过调整各元素间力与轴的分布关系，不对称平衡虽左右不对称却能给人内在和谐、平衡的视觉体验。这种设计手法在现代造型艺术中尤为流行。不对称的颈围线设计、侧分割的结构线条等，均是不对称平衡在时尚设计中的应用。这类设计在实际操作中需细腻把控、处理得当，如此便能展现出丰富多变的线条美，赋予服装以柔和、优雅的独特气质，尤其适合营造活泼欢快、华丽绚烂的着装氛围。

（三）韵律

在造型设计领域，韵律这一概念常被类比为节奏或律动，其核心特征在于通过视觉元素的规律性重复，营造出一种连贯的视觉流动感。这种流动感所展现出的动态平衡，即韵律的本质所在。在服装设计的语境下，韵律具体表现为四种形式：反复韵律、阶层韵律、流线韵律以及放射韵律。

1. 反复韵律

反复韵律可分为多个类别：第一，有规则反复韵律，依赖于同一形态元素的周期性再现，构建出秩序之美；第二，无规则反复韵律，通过不同形态的混合重复，创造丰富多变的视觉体验；第三，曲线反复韵律与直线反复韵律，分别借助曲线的柔美与直线的刚劲，以不同的几何语言诠释韵律的多样性；第四，色彩反复韵律及形的反复韵律，前者通过色彩的周期性配置激发视觉动感，后者通过形状的不断复现强化形式语言的统一性。

2. 阶层韵律

阶层韵律侧重于通过元素尺寸或强度的层级变化来构建节奏，具体分为阶层渐增韵律与阶层渐减韵律。前者表现为元素从小到大的渐进扩展，后者则是从大到小的逐步收敛。在服装设计中，下摆装饰图案从底部至顶部逐渐缩小的设计，便是阶层渐减韵律的体现。

3. 流线韵律

流线韵律仅一种类型，即以流线来表现的韵律，如新娘头上戴的婚纱所形成的韵律。

4. 放射韵律

放射韵律也仅有一种类型，即以放射线来表现的韵律，如由领口或腰部做拉细褶处理而产生的韵律。

（四）强调

强调作为服装设计中的另一重要手法，其核心在于通过加强特定区域或元素的视觉冲击力，以实现局部或整体的焦点突出。这一过程旨在凸显服饰的亮点，同时隐藏或弱化不足，以满足穿着者对于美观与实用的双重追求。然而，强调的度需精准把握，过量则易显得繁复冗赘，失之庸俗；不足则显得平淡无奇，缺乏吸引力。因此，在设计中，通常建议将强调点控制在一至两处，以维持视觉焦点的集中与清晰。

1. 强调的部位

强调的部位在服装造型中，一般以人的三围线为主，即胸、腰、臀三围。另外还包括头、颈、背等部位。

（1）强调头部：可以将人的视线上引，使着装者显得高贵、积极。

（2）强调颈部：可使人显得秀美、优雅、亲切。

（3）强调肩部：可使人有一种庄重、威严、安全的感觉。

（4）强调胸部：可使人显得妩媚、娇柔、温暖。

（5）强调臀部：可使人充分展示人体的曲线美。

（6）强调背部：可使人充分展示人体的肤色美。

2. 强调的方法

在服装设计中，设计师常利用线条、色彩、材料、剪接线、装饰线、纽扣、花边、装饰品等作为强调的手段来对服装进行强调。

（1）利用线条强调：应用各种褶子的车缝缉线，在剪接线上做车压线或装饰线，使平淡的布料因这些装饰线而显得生动，显示出线条的美感。

（2）利用色彩强调：利用颜色的色相、明暗、深浅的对照排列来强调。

（3）利用材料强调：利用材料不同的质地进行强调。例如：丝绸面料的晚装设计，用羽毛在胸部进行装饰、强调，就显得别致、典雅而富有情趣。

（4）利用剪接线强调：利用剪接线或者是部分空间的暴露，制造出潇洒的设计，可使服装有一种新颖、时尚的美感。

（5）利用附属品强调：如纽扣、拉链、花边、镶边、腰带、领带、帽子、手套、鞋、围巾等，都可以作为强调的手段来加以利用。

（6）利用装饰品强调：如别针、造花、耳环等首饰，以及眼镜、羽毛、扇子、手提包等也都可以作为强调的手段，在设计中加以运用。

3. 强调与比例的关系

在服装设计中，强调的比例安排应根据强调的部位和强调所采用的手段来进行合理的布置。

（1）色彩强调的比例关系：用色彩强调，强调的颜色应占用小的面积，而弱的颜色应占用大的面积，这样才能主次鲜明，真正起到强调的作用。

（2）材料强调的比例关系：用材料强调，强调的材料同样也要占用小的面积，这样才能在与大面积材料对比的过程中，产生突出、醒目的效果，从而达到强调的目的。

（3）装饰品强调的比例关系：装饰品的大小应与人的形体成正比，在进行强调的比例安排时，体形高大者宜佩戴大的装饰品，反之，就应佩戴小巧玲珑的装饰品。

（五）调和与统一

调和与统一是设计美学的基本原则，二者相辅相成，共同构成设计作品和谐美的基石。调和侧重于各组成元素间关系的和谐共处，而统一则强调整体风格与特征的一致性。在服装设计中，调和可以带来视觉上的愉悦与舒适，是实现设计作品内外和谐统一的关键。优秀的服装设计作品无一不是调和与统一理念的完美体现。服装设计中，调和的方法可分为三种。

1. 相似调和（类似调和）

相似调和强调将具有相似性或共通特征的元素进行编排组合，以达成视觉上的和谐统一。此方法凭借元素间的内在一致性，能够自然而然地引导观者的视线流动，营造出一种平和而稳定的视觉氛围。然而，若过度依赖相似性进行调和，缺乏必要的差异性介入，可能使设计作品单调乏味，缺乏必要的视觉张力。

2. 相异调和（对比调和）

相异调和倡导将截然不同的元素并置，通过强烈的对比来增强视觉冲击力。此方法的运用极具挑战性，要求设计者具备高超的驾驭平衡能力，以确保对比元素间既保持鲜明的个性差异，又能实现视觉上的和谐共生。若处理得当，相异调和能够赋予作品以独特的艺术魅力与视觉震撼力；反之，则可能因对比过度而引发视觉疲劳，使人产生抵触情绪。

3. 标准调和

鉴于相似调和与相异调和均有各自的优势与局限性，标准调和作为一种更为成熟与高级的设计策略应运而生。它融合了两者的精髓，即在保持元素间相似性的基础上，巧妙融入对比元素，以制造视觉上的层次感与动态变化。这种调和方式不仅追求表面的和谐统一，更注重内在的逻辑性与节奏的把控，通过类似中的对比与对比中的类似，实现视觉效果的和谐，进而实现高度的整体统一。

二、视错现象及应用

（一）视错现象

视错觉是个体对物体形成的一种直观但非真实的视觉感知，这种感知与个体的其他感官体验及对物体的全面认知存在不一致性。

视错觉本身并不直接承载美学价值，而是作为一种手段，能够增强或凸显其他审美要素的作用，即视错觉扮演的是辅助性角色。视错觉的产生原因多样，可大致归纳为以下三类。

第一，物理性因素；视错觉源于光线在传播过程中的反射或折射现象。一个典型例子是，当观察插入水杯中的筷子时，会产生筷子似乎被折断的错觉。

第二，生理性因素；视错觉根植于人类眼睛的生理结构特性。具体而言，在视觉范围内，眼睛对不同距离点的敏感度存在差异，导致近处物体显得清晰，而远处物体则显得模糊。

第三，心理性因素；视错觉涉及个体对物体完整性的认知、注意力的分配方向，以及过往经验对视觉感知的潜在影响。例如，长期形成的对某一事物的习惯性认知，即便明知非真，心理上仍倾向于维持原有认知而非重新评估。例如，在面对如蛇或老鼠等特定对象时，人们普遍会基于既往经验产生厌恶的心理反应。

（二）视错在服装设计中的应用

在服装设计中，与服饰有关的视错觉现象的根源深植于人类的生理机能与心理机制。这些视错觉包括色彩感知的偏差、线性导向的偏差、角度认知的偏差、尺寸判断的偏差、形状辨识的偏差、面积感知的偏差以及距离估算的偏差等。在服装设计实践中，视错觉的应用策略如下。

1. 分割的视错

分割的视错，是指通过在服装款式中融入条纹元素或分割线，创造出别具一格的视觉体验。这种方法的运用极具灵活性，完全取决于设计师期望达成的美学效果与功能目的，并以此决定分割线条的数量与布局。即便是相同的服装轮廓，在经过不同方式的分割处理后，所展现出的视觉形象也会大相径庭，这体现了视错觉变化中的相对性原理。

在分割策略中，分割的方式、所形成的各部分体量及其相互间的关联均是十分重要的。分割可遵循均衡原则，实现平滑过渡，赋予服装纵向延伸的高度感；也可采取非均衡分割方式，营造出更为紧凑、略显矮短的视觉效果。

2. 角度与方向的视错

角度与方向的视错源自线条位置、倾斜角度及交叉方式的变化，这些元素共同作用于服装的造型设计，可引领观者的视线流动，形成独特的视觉体验。线条作为服装设计的语言，其方向性对视觉引导具有不可忽视的作用，而线条间的交汇则进一步丰富了视觉层次的构建。因此，在服装设计中，精准而富有创造性地运用方向与角度错觉，能够突破常规审美框架，为作品增添意想不到的魅力。

如服装的省缝设计，衣片斜向缝合处理，以及领口、口袋等部位的尖角装饰，均易产生将实际锐角放大、钝角缩小的错觉。这一现象的原理在于人类对锐角两侧近距离的过高估计，以及对钝角两侧较远距离的低估，在视觉上改变了角度的原有形态。设计师可充分利用这一特性，在服饰设计中，运用小饰品、腰带以及打褶工艺等装饰手法，创造出垂直线条视觉效果，引导观者的视线自然向下延伸，进而实现整体造型的视觉平衡与和谐。

3. 对比与同化的视错

对比视错是指两个相互比较的物体，依据它们对人心理感知的不同影响，各自在视觉上被强化至截然相反的方向。具体而言，当较小物件紧邻较大物件时，前者会显得更小；在角部边缘的圆形，相较于远离角部的相同圆形，给人以更为膨胀的视觉体验。应用在服饰搭配中，佩戴设计考究的帽饰能有效衬托脸形，使之显得更为小巧精致；将头发紧束则可使脸部轮廓放大。

同化视错觉体现在一系列重复且略带夸张的相同图形的排列中。例如，丰满体形的人穿着宽松衣物，往往会加剧其体形的臃肿感；瘦弱身材的人选择紧身服饰，则会显得更瘦。在服装设计实践中，设计师需精准把握着装者的体型特征与个人需求，灵活运用衣物的内部结构线条与外部轮廓设计，灵活调整同化与对比的视觉效果，以实现最佳的着装美学效果。

4. 上部过大的视错

上部过大的视错源于人类视觉系统先入为主的心理机制。人们在自上而下地审视物体时，即便形态相同，也常感上部较下部更大。在女装设计中，女式套装上衣若采用 1∶1 的均匀分割比例，往往会给人头重脚轻、比例失衡之感，缺乏灵动与生气；而调整为 1∶3 或 1∶4 的比例分割，则能塑造出优雅且符合审美规律的比例结构。尤其对于身材娇小或上身较长、下身较短的人而言，更应注重拉长下半身比例，通过服装设计从视觉上进行调整与补偿，以避免造成不协调的视觉效果。

综上所述，视错觉在服装设计中是一种行之有效的造型手段。特别是在弥补人体缺陷方面，更能发挥其独有的特性。如果我们能够充分地认识这些特性，并在实践过程中加以合理而巧妙的运用，就能提高我们的设计水平。

第三节　服装设计主题与灵感

一、服装设计主题

在设计领域，一个鲜明而具有指导性的主题对于设计师而言至关重要。主题在设计初期为创意指明方向，确保设计思路条理清晰，在设计图稿与提案完善之后，为后续成衣设计的实施打下基础。优质的主题是设计创新的源泉，能激发设计师在色彩搭配、面料选择、款式创新及风格定位等方面的灵感。因此，为创造出更多杰出的设计作品，设计师必须进行深入的主题探索。街头文化、建筑、文学作品、历史服饰等，均可经过研究后融入服装设计主题，赋予作品深邃的文化内涵与独特的审美价值。当设计师致力于通过服饰传达情感、维持设计作品的内在统一性，并阐述个人设计哲学时，把握主题、巧妙运用色彩与面料、塑造服装形态等便成为他们必须具备的能力。

主题的拓展策略，可归纳为以下三个步骤：第一，设计师需明确主题与灵感的内在联系，构建清晰的探索路径，对特定设计元素进行深入挖掘，以此构建个人独特的设计理念；第二，在选定拓展的设计元素与实现手法并通过初稿后，设计师应主动思考或借助团队讨论，围绕几个核心问题进行深入反思，即反思设计框架的构建逻辑，主题表达的清晰程度，设计风格与理念的选用及与主题的契合度，理念与设计间的融合策略，色彩、面料、款式及元素的选定依据，成衣实现的具体决策过程以及所采用的工艺手段；第三，上述问题得到解答后，设计师可以进一步优化当前设计，为未来的设计实践积累宝贵经验，最终实现主题思想的深刻诠释与视觉表现力的提升。

二、服装设计灵感

灵感是设计师在创作过程中某一特定时刻经历的心理现象，表现为精神状态的骤然提升与思维活动的极度活跃。灵感能够使设计师展现出超乎寻常的创造力，从而推动设计构思与表达跃升至新的境界。

灵感是设计的原始动力，它根植于对周遭世界的感知，能够触发设计师内心深处强烈的表达渴望。设计师在灵感的引领下，会自然而然地开始创作，通过广泛搜集资料、策划主题，为整个设计奠定基础。这一过程要求设计师具备敏锐的洞察力与系统的研究方法，能够敏锐捕捉到那些激发灵感的元素，并运用逻辑与条理，深入剖析这些元素如何与形式、色彩等设计要素产生共鸣。当设计师在某个领域积累了深厚的知识基础时，他们便能更加自如地将这些研究成果融入设计实践，通过构思主题、色彩搭配、元素运用以及轮廓塑造等策略，进一步激发灵感。为了确保设计主题鲜明且具有深度，设计师需明确灵感来源，深入探究触发灵感的本质因素，进而有的放矢地运用设计语言，深化对灵感素材的理解与诠释，深化设计作品的内涵。

设计师可从以下事物中汲取灵感。

（一）自然景观

设计师可以从自然界中汲取设计灵感。自然界中丰富的色彩、独特的肌理、多样的形式以及复杂而精美的图案，都可以作为设计师的素材库。设计师可以选择对自然景象进行直接复刻，比如借鉴四川梯田错落有致、色彩斑斓的景观，将其色彩融入设计色板，或将梯田的轮廓作为设计概念。自然主题的设计探索既可以返璞归真，以简单质朴的方式展现大自然的原始魅力；也可以前卫大胆，从最新锐的概念出发，重塑自然元素，赋予全新的视觉语言和深层含义。然而，真正成熟地运用自然灵感，关键在于设计师能否深刻理解所引用自然元素的深层文化以及哲学寓意。

这要求设计师必须深入研究每一份灵感素材，融合个人审美与创意进行重构与再现，使灵感在设计中得以升华。直接将自然元素以贴画形式应用于服装只是灵感应用的初级阶段，更为高级的做法是，对自然界的四季更迭、色彩变幻、景致特色以及生态环境进行全面而深入的分析，并在设计中以个性化的视角将自然元素转化为视觉语言。

（二）细胞与宇宙

细胞与宇宙是生命的起源，也是设计师的灵感源泉。银河的浩瀚、星球的斑斓、对外星文明的遐想、细胞内部的结构及其动态变化，无不激发着设计师们对未知世界的无限想象与深刻思考。细胞与宇宙的神秘感与未来感吸引着设计师通过探索宇宙生命的奥秘，去触碰日常生活中难以触及的奇幻。在设计中，细胞和宇宙元素具有未来主义的色彩。设计师们可以模拟细胞的形态或宇宙星球的排列轨迹，创造出富有科技感的服装作品，为观者带来前所未有的视觉盛宴。例如，知名设计师克雷格·劳伦斯（Craig Lawrence）在2012年的系列作品中，便以细胞形态为灵感，提取并简化细胞外形轮廓为抽象的形状与线条，并运用素材再造的技艺将这一灵感融入服装设计；巴黎世家（Balenciaga）2015年春夏系列，设计师在设计中融入太空材料，创新剪裁手法，营造出了超脱现实的未来幻境；侯赛因·卡拉扬（Hussein Chalayan）的星空图案设计以宇宙为蓝本，绘制出了令人心驰神往的天际图景。

（三）生物

自然界中纷繁多样的生物形态持续激发着人类的创造力与想象力。在设计艺术中，自然情结始终如影随形，设计师在自然界中不断寻求着形态之美、构造之妙。

自然界中的植物以其独特的生长规律和形态构造，展现出一种井然有序而又变幻莫测的美，证明了自然界的神奇与富饶。在服装设计上，植物元素频繁出现，如花卉图案，已成为女性服饰中的经典装饰元素。设计师们通过对花卉形态进行细致观察、深入研究与解构，利用最新的设计思维与造型理念，以独特的视角捕捉了花卉自然生长中的韵律与节奏，并将这些灵感融入现代设计。植物在自然界中色彩较为丰富，外形也有成千上万的样式，并且每一种植物都具有不同的解读意义。同时植物也是设计师在自然界中最容易触及的事物，大多给人非常美好的感受，也因为这个原因，运用植物元素的设计大多让观看者心情舒畅。

动物皮毛从远古时代开始就被应用于服装面料的制作中，随着现代科学技术的发展和出于保护生态环境的原因，大部分动物皮毛开始以仿真面料来代替。动物确实能给设计带来充足的灵感，譬如鸟、鱼给人自由灵动的感觉，虎、狐则给人野性的感觉。设计师能够从中汲取灵感，来表达出内心想要陈述的感情，不管是岁月静好、自由悠闲的感觉，还是狂热奔放的情感，都可以从不同的动物身上找到设计点。设计师可以通过观察动物的动态，从外形中提取元素，来制作图案和造型。

丰富多样的自然形态是艺术的原生土壤，是灵感的触发点，更是艺术形式构建的基础。自然界以其无尽的潜力与和谐的秩序，构建了一个庞大的艺术资料库，等待着每一位设计师与艺术家去发掘、去领悟。设计师需学会从细微处入手，对自然形态进行放大、分解与多角度观察，从而以一种全新的视角去发现形态之美，理解自然之韵。

自然界带给设计师的灵感是无限的，想要充分地用设计表现出灵感来源，设计师们通常会采用造型模仿的设计方法。造型模仿可以是对灵感造型整体的模仿，也可以是局部的模仿；可以是写意模仿，也可以是近似模仿。

（四）人文景观

自人类文明肇始以来，人类对生存环境的塑造便贯穿始终，人文景观作为这一历程的直观反映，其内涵极为丰富，涵盖建筑、城市风貌及自然环境等诸多方面。

建筑以其独特的艺术魅力成为设计师们竞相探索的灵感宝库，它为设计师提供了风格、色彩、结构等方面的灵感，映射了不同时代的文化观念与审美取向。如古典主义、哥特风格、洛可可、巴洛克等建筑风格各具特色，其形态、色彩、构造及装饰纹样，均成为现代服装设计师挖掘设计素材的丰富源泉。悉尼歌剧院是现代建筑设计的典范，展现了概念先导的现代美学，也是音乐艺术的标志性建筑。此类标志性建筑无论是外在形态还是内在理念，均能为时尚设计提供不竭的创意灵感。通过简化处理其外形轮廓，运用精炼的线条勾勒建筑神韵，可实现艺术与时尚的跨界融合。

（五）民族与民俗

民族与民俗也是设计师的灵感来源。服装作为社会文化的重要载体，反映了穿着者所拥有的资源状况，体现了一个族群特有的社会结构与文化表达。民族与民俗服装元素在现代设计中依然展现出了强大的生命力，设计师可以借助这些元素重新诠释特定历史时期的造型美学、细节工艺、面料质感、色彩搭配、图案纹样以及服装的功能定义与象征意义。民族传统文化的色彩体系、象征符号以及节庆装饰等，均为现代设计理念的拓展提供了丰富的思想资源。同时，传统民族服装的款式也常成为现代服装设计的灵感源泉，如苏格兰礼服套装、匈牙利绣花套裙、希腊百褶短裙的款式，均可以融入现代服装设计。传统民族图案同样在现代服装设计中占据一席之地，其丰富的文化内涵与独特的视觉表现，为现代时尚注入了新的活力。设计师可于服装设计中融入民俗元素，以此传达特定的情感与风格倾向。以波西米亚风格图案为例，该风格体现了浪漫、民俗与自由的精神内核，其色彩鲜明且对比强烈，设计细节繁复多变，赋予服装以强烈的视觉冲击力和神秘氛围，使之呈现出别具一格、超凡脱俗的时尚风貌。在中国风服饰图案的运用上，龙纹、云纹与花卉等图案备受青睐，这些图案常被融入具有鲜明东方韵味的礼服设计，使服装整体展现出大气磅礴、端庄而又华丽优雅的艺术特质。哥特风格中的教堂玻璃花窗也是设计师重要的灵感来源之一。古代教堂花窗以浓烈的色彩、复杂的形态著称，其图案设计繁复多变，故常被应用于轮廓简约的服装之上，以实现款式实用性与风格独特性的完美结合。此外，中东风格的主色普遍带有灰色调，偏爱大胆的色彩拼接，图案方面则以花卉、抽象几何为主，花纹细密多变，应用于设计中可使服装呈现出复古而又不失高贵的气质。

（六）网络传媒

网络传媒作为继报纸、广播、电视之后的新兴传媒力量，正日益融入并深刻影响着大众传播领域。从传播技术看，网络媒体集文字、图像、音频、视频等多种传统媒体表现形式于一体，使公众具备了信息发布能力，搭建了广告传播的广阔平台。凭借其全面的传播手段，网络媒体在功能上已具备超越先前所有媒介的潜力，展现出了强大的信息传播效能。

此外，网络传媒在时间上的灵活性与空间上的无界性，使之突破了传统传播条件的束缚，确保了信息能够更为迅速且全面地传递给受众。其检索的便捷性与高度的互动性丰富了服务的内涵，增强了用户的参与感和体验感，使之成为拥有庞大受众基础的信息资源库与公众互动平台。随着技术的不断进步，个体发布信息的门槛也进一步降低。

在服装设计领域，网络资源的融入同样引发了设计风格与理念的深刻变革。从设计素材的搜集、风格界定到最终设计方案的确定，整个设计流程均与网络形成了紧密的联系。网络的独特属性与文化氛围为人们的日常生活带来了极大的便利，也为服装设计师提供了设计灵感与资源宝库。通过网络，设计师能够更便捷地获取全球范围内的设计资讯，快速融入国际设计潮流，高效检索所需的设计素材与图片资料。同时，网络还搭建起设计师之间跨国界的交流平台，促进了设计灵感的碰撞与融合，拓宽了设计思路，使设计构思更加明确与精准。

设计师们可以通过浏览各大时尚网站找到需要的设计资料，例如 YOKA、VOGUE、ELLE、HAIBAO 等网站。时尚网站会及时更新秀场讯息、优秀的街拍搭配，同时也会发布当季的流行趋势，是设计师工作时必不可少的工具。

（七）电影与电视艺术

电影艺术作为一门集艺术与科学于一身的综合性艺术，其核心在于以画面作为基本构成单位，辅以声音、人物及场景，共同组成电影语言系统与传播媒介，在银幕上生动再现直观而感性的艺术形象与深远意境。电影的类型众多，包括故事片、纪录片、科教片及美术片等丰富多样的表现样式。

电视艺术作为大众传播媒介的重要组成部分，承担着传递新闻信息的责任，还具备艺术与娱乐的双重功能，包括电视剧集、娱乐文艺节目及纪录片三类形式。

在审美特征层面，电影艺术与电视艺术之间存在着诸多共通之处，它们均是综合艺术的典范，各自又蕴含着独到的审美韵味。

自 20 世纪 60 年代以来，电影与流行文化的深度交融，为时尚设计领域提供了不竭的灵感源泉。例如，马克·雅可布（Marc Jacobs）在其 2011 年春夏系列设计中，从经典电影《出租车司机》（Taxi Driver）中汲取灵感，通过宽大的草帽与鲜艳服饰的搭配，复刻了电影中女主角的标志性形象，延续了电影中的情感张力，赋予了服装鲜明的人物性格与独特的艺术表现力。无独有偶，普拉达（Prada）也在同年春夏系列中展现了对电影艺术的致敬，其设计灵感来源于电影《Zou Zou》。秀场上，模特们的妆容、发型以及整体服装风格均深受该影片主角形象的影响，特别是波浪发型的采用与华丽服饰的搭配，生动诠释了巴洛克艺术的精神内核，实现了电影风格向时尚秀场的转变。

当设计师们将电影与电视艺术作为创意灵感时，需全面考量那些构成经典之作的多元要素，涉及色彩运用、灯光效果、服装道具设计、情境营造以及各类视觉线索。这些元素共同作用，有助于设计师精准捕捉并再现特定氛围，进而在创作过程中开辟出更多创新路径与研究方向。设计的本质在于不断创新，追求非凡是设计工作的核心价值所在，也是贯穿整个创意过程的不竭动力。

（八）绘画艺术

绘画作为艺术表达的传统形式，其多样性与时代性同样不容忽视。不同种类的绘画以其独特的风格与技法，承载着不同历史时期人们的情感与思想，展现了艺术跨越时空的深远影响力与丰富内涵。艺术与设计紧密相连，互为映照，设计作品本身即是对艺术理念的物质化诠释，而艺术的表达则构成了设计创新的不竭源泉。

绘画以其形式构成、色彩搭配、肌理质感、图案设计以及深层思想，为服装设计提供了丰富的灵感。

设计师在美术作品的鉴赏过程中，能够直接感知到浓厚的艺术氛围，这种沉浸式的体验往往能激发其内心深处的创造潜能，催生新颖的设计理念。以玛切萨（Marchesa）2017 年春夏系列为例，该系列借鉴了艺术家雅克·亨利·拉蒂格（Jacques Henri Lartigue）的作品《金鱼吹》（Gold Fish Blow），通过质感不同的双层面料模拟出油画中颜料堆积的粗犷质感与鱼缸水面反射的细腻光泽。其色彩温婉而清新，金鱼的鲜艳色彩点亮了整个作品，展现出少女的纯真与柔美气质。宗教文化深刻影响着设计师的创作思路。华伦天奴（Valentino）在 2014 年春夏系列中，便创造性地将名画《伊甸园》的意象引入高级定制时装舞台，裙摆化身成为画布，油画图案化身成为绚丽的印花，灰色底布与柔和的油画色彩相得益彰，彰显了品牌的宫廷风韵，透露出罗马贵族的典雅气息，以服装为媒介，阐述了《圣经》中最为动人的篇章。同样，杜嘉班纳（Dolce & Gabbana）在 2008 年春夏系列中，也将油画艺术融入时尚创意。该系列将莫奈《睡莲》的细腻笔触与服装的粗犷立体剪裁巧妙结合，使静态的睡莲图案在流动的服装形态中焕发新生。

绘画种类的多样性进一步丰富了服装设计的风格语言。古典油画往往能表现出复古优雅的服装设计风格，当代艺术绘画更倾向于引领前卫、实验性的服装潮流。设计师在鉴赏各类绘画艺术的过程中，不仅是在汲取灵感，更是在为构建多样化的服装风格奠定审美基础。

（九）音乐艺术

音乐艺术作为一种以人声或器乐为创作基础的表现性艺术形式，涉及旋律、节奏、和声、配器以及复调等多个维度，旨在抒发并传递人类的审美情感，展现出强大的情感表现力与情绪感染力。

旋律是音乐艺术最核心的表现载体，通过将不同音高与音长的音符依据特定的节奏与节拍规则编排组合，能够描绘并传达特定的情感内涵与思想意境。旋律拥有个性化与风格化的特质，是音乐表达中不可或缺的一部分。

节奏是指音响的规律性展现，涉及长短、强弱、轻重的结合，它是旋律的骨架，也是音乐作品结构的重要内容。节奏的动态变化赋予音乐以生命力，增强了艺术的表现深度与广度。

服装常被誉为行走的艺术，与音乐之间存在着紧密的联系。音乐的旋律与节奏往往能激发设计师的创意灵感，促使他们将这些无形的感觉转化为具体的设计语言，展现在服饰的每一个细节之中。设计师应当具备敏锐的乐感，将音乐的韵律美与和谐美融入设计思维，使作品如同音乐一般触动观者的心弦。音乐的娱乐性、地域性、象征性及宗教性等多元属性，为设计师提供了丰富的心理感触。

不同风格的音乐可以为设计师带来各具特色的灵感启示。通过聆听音乐，设计师能够捕捉曲风、情感以及歌词背后的故事，进而在设计中找到情感的共鸣点，以设计作品回应音乐带来的感受。

以巴黎品牌 Each x Other 2018 年春夏系列为例，该系列融合了朋克文化的精髓，通过鞋子与颈部配饰等细节设计，再现了朋克乐手的经典形象。黑色爱心与毒蛇图案的融入，既保留了朋克风格的叛逆与不羁，又增添了几分浪漫与高级的时尚气息。设计师以服装为载体，传递了朋克音乐的独特风格，揭示了其内在的精神世界。相较之下，摇滚风格则以其狂野不羁与离经叛道著称。吉普赛运动（Gypsy Sport）的设计往往展现出对自由与反叛的热烈追求，通过大胆的剪裁与鲜明的色彩搭配，将摇滚精神以视觉语言的形式呈现出来。其 2018 年春夏系列采用仿海报纸质感的面料，结合粗犷的结构设计，生动诠释了摇滚音乐的狂野不羁与激情，整体造型的强烈视觉冲击力，恰如摇滚乐带给人的震撼。奥利弗·泰伊斯肯斯（Oliver Theyskens）2018 年的春夏系列以简约黑色皮质连衣裙为载体，展现了哥特式音乐的阴郁与冷漠，金属装饰扣与分割线成为设计的点睛之笔，既传承了传统哥特风格的复古韵味，又融入现代音乐的律动。电子音乐是现代音乐的重要流派，其独特魅力在帕科·拉巴纳（Paco Rabanne）2018年春夏系列中得到了精彩演绎。通过流苏长裙模拟电子音乐中自由无羁的声波形态，该系列展现了无与伦比的动感与青春活力。同时，光面皮质材质的选用有效缩短了视觉距离，如同舞厅内迪斯科旋律复古迷幻。

（十）文学艺术

文学是以语言或文字为媒介，反映现实并表达审美理想的艺术形式，以其特有的想象力见长，包括小说、诗歌、散文、戏剧及电影文学等多种形态。鉴于语言形象的非直观性，文学作品能够为读者提供更广阔的想象空间与再创造的可能。

在文学作品中，人物的性格特质、外貌特征、穿着风格及言谈举止等均是表现内心世界的重要途径，如张爱玲笔下的人物，在每位读者心中都会形成独一无二的形象，通过读者的联想与想象而愈加丰富饱满。

文学与服装之间的联系宛如文学故事主线之于情节发展的作用，它们之间建立了一种精神内核与具象化表现之间的紧密联系。以博柏利（Burberry）2017年春夏系列为例，该系列灵感源自英国著名女作家弗吉尼亚·伍尔芙（Virginia Woolf）的小说《奥兰多》，通过服装这一具体形式，展现了文学作品所蕴含的时代风貌与文化气息，实现了文学与时尚的融合。小说主人公奥兰多原为伊丽莎白一世（Elizabeth I）时代的一位贵族青年，因获得不朽之躯的奇异能力，奇迹般地跨越了四百年的时间，完成了从16世纪男性到20世纪女性的转变。这一角色设定跨越了历史时空的界限，触及了性别身份的重塑，其复杂性影响了博柏利（Burberry）品牌在设计理念上对于“过往与当下”“男性与女性”边界的探索与模糊处理。在此次设计中，博柏利融入大量古典主义美学元素，如标志性的拉夫领、荷叶边装饰以及羊腿袖设计，这些元素无不彰显着浓厚的历史时代特征。此举揭示了服装作为一种文化载体的本质功能，即通过具象的语言描述抽象的内容，从而构建新的历史时期，将过去时代的文化以服装这一形式进行创造性转化与再现，从而增强叙述故事时的历史纵深感。

（十一）心理状态

情感是一种复杂多变的心理现象，在艺术创作尤其是服装设计中，扮演着至关重要的角色。服装设计作品中常常蕴含着深厚的情感力量。设计师应挑选能够深刻触动心灵的素材与表现手法，将内心的情感波动转化为可触可感的物质形态。当设计师内心沉郁时，其作品可能会采用暗黑或强烈的色彩；当设计师情绪愉悦时，设计作品可能呈现鲜活明快的氛围。心理状态可直接引领作品基调。在创作过程中，可能会有情感爆发的时刻，设计师需敏锐捕捉情绪高点，依从内心即兴创作。

艺术创作本质上是对情感的抒发与释放。因此，设计师不仅要在日常生活中练就敏锐的观察力，广泛搜集可用于创作的素材，更应学会记录与反思自己的情绪。在情绪激昂时，将这种感受记录下来，为未来创作提供灵感源泉。

设计师的作品是其情感与境遇的反映。当设计师沉浸于悲伤之中，他们的作品或许就会以紧身、简洁的线条传递出一种压抑与苦闷的情感氛围。而在惬意之时，色彩可能会趋于淡雅，轮廓变得宽松，以传达出设计师内心的宁静与舒适。慵懒时，可能会选用轻盈透薄的材质传达出空灵与闲适的意境。情感不仅为服装注入了灵魂，更成为设计师与观者之间沟通的桥梁，让设计作品成为情感传递的媒介。

（十二）产品设计与生活方式

服装是人类日常生活不可或缺的组成部分，其设计在追求艺术美感的同时，也需兼顾实用性。在现代设计领域中，深入理解并贴合市场与消费群体的特定需求，是设计师区别于艺术家的关键所在。设计作为一门融合了艺术与实用的学科，其终极目标是为人类服务，而非单纯的艺术表达。它将艺术美感与日常生活的实际需求相结合，创造出既美观又实用的物品，满足了人们对于美好生活的不懈追求。

设计应在既定框架内进行，设计师需密切关注市场动态，聚焦于某一特定生活形态下的消费群体，通过深入的市场调研与数据分析，精准把握目标人群的实际需求与潜在偏好，设计出既符合时尚潮流，又兼顾穿着者体验的高品质服装，有效填补市场空白，提升消费者满意度。

在追求设计美感的同时，设计师还需关注服装的穿着性。若忽略了服装实用性，将背离服装作为生活必需品的本质。特别是在功能性服装如运动服装的设计中，设计师更应将可穿性置于首位，通过采用高科技面料、优化结构设计（如增加口袋数量、实现一衣多穿等）、运用精细的处理工艺，从每一个细节出发，提升服装的实用价值与穿着体验，同时使之不失时尚美感。优秀的设计师需具备对生活的洞察力与对市场的把握能力，在日常的细微之处发现设计的灵感，将艺术灵感与市场需求相融合，创造出既具有艺术美感又具有高度实用性的设计作品。

（十三）市场调研

服装市场调研是深入剖析服装市场动态的重要环节，旨在运用系统化、科学化的方法论，系统性地观察并分析当前服装市场的实际情况。此过程旨在搜集并整合广泛而翔实的数据与资料，发现市场中存在的关键问题与挑战，并基于此构建对未来一季服装产品开发与营销策略的前瞻性预测。其终极目标在于增强服装产品的市场契合度，加速企业占据市场先机的步伐。对于服装设计师而言，必须定期进行目标明确的市场调研，以便理解消费者需求与行业风向，从而在设计过程中胸有成竹，确保设计作品既能引领潮流又不失市场亲和力。

服装市场调研的特性可归结为两个主要方面。

（1）要从现有的事物中发现问题，并找出解决问题的方法和对策；

（2）要根据现有的事物状态预测未来，为下一步的产品设计或品牌发展制订计划。

市场调研一般分为调查和研究两个阶段，前期的调查是研究的前提和基础，目的在于搜集相关资料等信息；后期的研究是调研的关键和价值所在，是对调查信息进行梳理、提炼和寻求解决方案的过程。市场调研是了解目标消费群的重要渠道，设计师若想让自己的产品畅销，就需要不断地了解目标消费者的消费趋向、需求变化及对产品的期望，来决定以何种方式开发怎样的新产品，从而更好地满足消费者的需求。同时也可以通过市场调查了解区域市场的需求信息、同类产品的经营状况，从而制订出有效的产品研发计划。

根据设计师的工作需要，调研的内容主要集中在服装品牌、产品信息、消费需求、时尚信息四个方面。在服装品牌的调研中，设计师可以进行多个品牌的比较研究或单一品牌的专门调查研究。具体调研项目内容可以参照下表（表 1-3-1）。

表 1-3-1　品牌经营状况调查

序号	项目	序号	项目
1	品牌的名称来源 / 所在地 / 价位 / 品牌定位	7	广告投入及宣传情况
2	产品风格 / 款式特点	8	形象代言人情况
3	主要面料	9	专卖店经营特点
4	主要色彩	10	营销策略及特色
5	设计师情况	11	品牌优点 / 缺点
6	产品生产及运作情况	12	建设性意见

根据调研的目的进行调整和增减。可以采用观察法、访谈法、文献法结合的调研方法，搜集所需要的相关资料，并对资料进行分析研究。

对消费群体的年龄结构、职业特征、生活方式、消费行为、消费结构、消费需求等基本情况进行了解，并把握这一消费群体随时可能出现的新生活方式、新价值观念、新衣着需求等变化。时尚信息的调查是设计师进行市场调研的最主要部分，包括服装流行信息调研和时尚信息调研，是指对生活与时尚相关的信息进行调查研究，以及产生对现阶段社会现象与服装流行变化的因果关系的理解。

（十四）图书收集

书籍作为探索与汇总多元灵感的关键媒介，是获取时尚资讯的可靠途径。书籍提供的信息包括服装设计的灵感源泉与设计要素，以及服装行业各领域的详尽信息与知识体系，为理解服装历史的演进脉络、民族文化的独特风情、自然生态的和谐共生、人文艺术的深邃内涵、科技进步的革新影响，以及消费者生活方式的变迁与流行趋势的研判，提供了全面而精确的信息支撑。

在服装创新设计的初始阶段，书籍无疑是搜集灵感素材的首要之选。书籍的种类繁多，包括专业理论著作、专业设计图书、消费时尚期刊，以及跨学科的艺术、人文、科技、生活方式类图书。

当前市场上，服装资讯刊物琳琅满目、分类精细，主要可划分为三大类：一是由专业流行趋势研究机构定期发布的流行趋势报告；二是专业设计工作室基于流行趋势预测所创作的设计手稿与图片集；三是公司或个人制作的画册。

时尚期刊可分为专业时尚期刊与大众时尚生活期刊。这类期刊专注于流行市场的深度剖析，以精准的数据与前瞻的视角传递流行趋势信息，以轻松活泼的语言风格普及时尚知识、解读时尚新闻、指导时尚穿搭，同时回顾历史流行风格，激发创新灵感。此外，时尚期刊还常通过消费者调研，收集并分析读者群体的构成、兴趣偏好、消费习惯及人口统计等信息，为商家提供市场营销策略参考，并作为时尚相关产品的广告宣传平台，促进时尚产业的繁荣发展。

其他跨专业期刊中也可以多方面、多角度地收集艺术、家居、科技、人文等相关行业的最新资讯，这些都可能成为服装创新设计的灵感来源和切入点，对服装与时尚领域造成一定的影响。通过与这类杂志的接触，我们可以了解到经济、文化等信息，了解到目前的经济大环境，也可以了解到某些公司的运营状况，并对某些公司的竞争能力作出正确的判断。

总之，以上 14 种设计灵感的挖掘，可以根据设计师对灵感的敏感度来激发设计理念和元素的应用，扩展创新思维能力。设计师在运用形象思维和抽象思维的基础上，在意识和无意识的相互作用下会产生灵感。“灵感”是一种独特的思维活动，它长期潜伏于设计师的潜意识，是在长期感性积累的基础上出现的由感性到理性的飞跃，由潜意识到意识的突然闪现。

第四节　服装设计创新理念

一、绿色服装设计理念

在人类追求可持续发展的过程中，节约能源、守护环境、维系生态平衡及回归自然成为不可动摇的共识。这一背景下，绿色服装设计应运而生，它作为现代设计哲学的一股清流，致力于通过多样化的表现手法与技艺，追求自然之美，赋予作品勃勃生机。自然界为设计师提供了无尽的灵感源泉——从绚丽花卉到翱翔天际的飞鸟，从山峦河川到林木藤竹，乃至自然界的色彩、纹理与形态，无一不激发着创意的火花。同时，时代的脉搏推动着设计师们怀揣对环境的深切忧虑、理性思考、浪漫情怀，共同探索着绿色设计的无限可能。

绿色服装设计，作为 21 世纪的崭新理念，其核心在于全面践行环保原则，从面料选择到印染工艺，再到配饰搭配，每一步都力求减少对环境的负担。天然彩色棉的成功培育，便是绿色面料领域的一大突破。天然彩色棉制品在纺织过程中无须印染，减少了环境污染。传统工艺如免烫衬衫的制作过程中，甲醛的使用虽十分便捷，却也埋下了健康隐患。如今，我国科研人员通过高分子聚合技术，研发出了无甲醛免烫整理剂，实现了面料的绿色环保，真正让时尚与健康同行。

在服饰配件领域，绿色环保同样成为新的风向标。从采用不锈合金替代电镀工艺以减少污染，到利用硬果壳等自然材料打造独特的木纽扣，再到珠宝饰品领域对环保材质的深入探索，每一项创新都是对自然环保的深刻诠释。随着互联网时代的到来，全球消费者的视野更加开阔，环保理念跨越国界，成为全球时尚界共同追求的目标。

（一）绿色服装设计的原则

在当代社会中，设计作为科学与艺术的融合体，展现出严谨的逻辑与明确的指向性，不仅是一种创造性的表达，更需遵循一套有序的规则与框架。绿色设计理念，作为当下时代背景下的产物，其诞生与发展深刻映射了社会各界环境保护意识的觉醒与深化，是企业社会责任感的体现，也是民众环保意识增强的产物。这一理念如同一股清流，渗透到了现代服装设计的每一个细微之处，引领着行业向绿色、健康、可持续的方向迈进。设计师在构思之初，便需深刻把握产品与社会、自然及人类之间的微妙联系，洞悉产品生命周期中的每一阶段所承载的特殊价值。因此，绿色服装创新设计应遵循以下原则。

1. 节能环保设计原则

鉴于传统服装制造业高能耗、高污染的特性，节能环保是产业升级的当务之急。例如，在牛仔裤生产的过程中，一条牛仔裤不仅用水量很大，还会添加很多化学试剂，不仅资源消耗庞大，还对环境造成了不容忽视的压力。实施节能环保设计原则，首先在于从源头把控，选用环保型纤维面料及染料，在材料选择上奠定绿色基础；其次，设计过程中应积极采用绿色加工工艺与流程，减少生产过程中化学试剂的使用与对环境的污染；最后，应当重视工艺废物的无害化处理与产品的循环再利用，通过科技创新实现资源的最大化利用，避免采用对环境有害的处理方式，确保整个设计流程的绿色闭环。

2. 减量化设计原则

绿色服装设计不仅是技术层面的革新，更是设计理念与价值观的根本转变。它要求设计师在创作过程中，始终保持对环境的敬畏之心，以科学、理性的态度探索可持续设计的新路径，为社会贡献出更多绿色、健康、符合时代需求的新作品。在服装设计过程中，设计师与生产企业共同肩负着平衡美感与环保的重任。

首先，设计师在设计之初便需深谋远虑，着眼于服装的整体，精准把握款式、面料、色彩及配饰的选择，力求用有限的资源实现最佳效果。避免过度装饰，不仅能够有效控制成本，更是对环境友好的体现，展现了简约而不失格调的设计理念。其次，无论是独立设计师、小型工作室还是大型服装企业，都应将“质”置于“量”之上，摒弃盲目追求产量的工业化思维。当前，服装行业普遍存在重产量、轻质量的现象，不仅牺牲了产品品质，也对环境造成了不可忽视的负担。因此，应当倡导减量化设计，即在保证服装品质的前提下，减少不必要的生产，转而提升每件服装的质感与精致度。这要求设计师在创作中，既要突出核心设计元素，又要巧妙融入辅助元素，确保设计既合理又富有吸引力，能够触动消费者的心弦。

3. 资源再利用设计原则

资源再利用设计原则是推动服装行业绿色转型的关键一环。该原则强调服装的全生命周期管理，从源头选材到最终处置，均需考虑其可重复使用的潜力。具体而言，一是选用可降解、易回收的环保材料作为服装原料；二是建立有效的回收机制，对废旧服装进行分类、修复与再加工，赋予它们新的生命，实现资源的循环利用；三是利用数字化平台，如二手服装交易 App 或租赁服务，促进服装的二次流通，减少资源浪费，降低环境负担。通过这些途径，我们不仅能够延长服装的使用寿命，还能在消费者心中树立起绿色消费的新风尚，共同促进服装行业的可持续发展。

（二）绿色服装设计应用

绿色服装其实就是服装设计师运用绿色设计方法和绿色环保技术设计出的服装。

如今，生态环境问题越来越受到人们的重视，因此，无数专家开始研究如何实现服装设计的“绿色可持续”发展，使当代服装具备“功能全面性”“价值创新性”“环境友好性”的特性。

1. 新型环保功能材料运用

远古时代，人类的衣物与装饰多采用自然界中的羽毛、树叶以及动物皮毛，而配饰则取自动物骨骼或贝壳等天然材料。随着时代的发展与文明的进步，现代服装的制造材料已变得极为丰富多样。从传统的天然纤维如羊毛、蚕丝和棉花，到先进的合成纤维如聚酯纤维和氨纶，材料的革新映射出科技发展的轨迹。

近年来，随着环保意识的觉醒，一系列新型环保面料应运而生，如菠萝纤维、竹纤维及大豆纤维等，这些可降解的纤维材料为服装业带来了绿色可持续发展的新希望。可以预见，未来将有更多利用真菌、酵母、藻类、细菌乃至动物细胞研发的新型面料问世，这些材料不仅能够展现出科技的魅力，更体现了人类对与自然和谐共生的追求。在环保理念深入人心的背景下，绿色、可降解的服装材料无疑将受到更多青睐，它们不仅具有广阔的发展前景，还能在生命周期结束后自然分解为无害物质，减轻了对环境的负担。

此外，绿色设计在服装领域的实践不限于材料的选择，还包括有机染色等环保工艺的研发。这些努力共同推动了服装设计向更加绿色、健康的方向发展。在绿色设计理念的指导下，合理运用绿色环保材料成为服装设计的基础。具体而言，这些环保材料大致可归为三类：一是纯粹环保的材料，它们在研发过程中不添加任何有害化学物质，对人体和环境均无害，且易于回收再利用；二是天然科技材料，它们通过高科技手段将天然动植物纤维转化为新型环保面料，兼具自然属性与科技优势，能够完全降解；三是功能性面料，作为科技创新的成果，这类面料不仅环保，还具备特定的功能特性，满足了人们对服装的多元化需求。这类面料不仅代表了技术创新的前沿，更因对人体健康的积极贡献，契合了绿色发展的时代潮流，是环保与健康理念的完美融合。对于现代服装设计师而言，深入理解并掌握各类服装面料的特性已成为不可或缺的能力。在设计过程中，他们需紧密围绕消费者的实际需求，同时捕捉潮流，考量面料对自然环境的友好程度。在选定面料时，设计师需综合评估其性能优势，以确保所设计的服饰既符合时尚趋势，又能够减轻对环境的负担。

例如，德国著名设计师康斯坦丁·格里奇（Konstantin Grcic）和慕尼黑著名服装品牌 Aeance 强强合作设计并推出的某系列服装就属于新型的绿色服饰。此系列服装使用的是可回收二次利用的、可生物降解的天然材料，服饰的上色十分简单，拉链、纽扣等配饰都采用了隐藏式设计，使服装的整体造型偏向干净利落。当服装的使用周期完结之后，服装可进行再次回收和利用，也可选择自然分解，不会破坏环境，符合现代社会绿色设计理念。

2. 旧物升级再造设计手法

在人类与环境的共生关系中，两者间的作用力是相互的。当人类活动损害自然环境时，这种破坏行为往往会以某种形式反噬人类社会。当前，服装产业面临的一大困境便是不稳的市场需求与大规模生产模式之间的矛盾，这导致了大量服装的滞销积压，不仅阻碍了企业的健康发展，也给环境带来了不必要的压力。针对这一现状，现代服装设计界正积极寻求变革之道，力求通过创新的设计策略来应对库存积压及生产废弃物处理的问题，从而推动服装产业向绿色、环保、可持续的方向发展。

日本杰出服装设计师原研哉曾精辟指出："Redesign 的内在追求是回归原点，重新审视我们周围的设计，并以最平易近人的方式探索设计的本质。"① 这一理念为旧衣改造提供了深刻的启示：再设计不仅能够赋予旧物新生，更是对绿色设计理念的生动实践，尽管这对设计师而言无疑是一场富有挑战性的探索。旧物升级再造作为一种创新的设计方法，其核心在于对既有物品的二次创新，可能彻底改变服装的面貌、形态、色彩、形式。

这一过程涵盖三种主要手法：第一，对旧物的面料进行升级再造；第二，对旧物的款式进行升级再造；第三，对旧物的搭配设计进行升级再造。"对旧物进行升级再造的过程可以对局部设计进行升级再造，也可以对整体进行升级再造；可以对面料进行手工加工，也可以对面料进行机械加工。所谓旧物升级再造其实就是通过手工或机械的加工手法对旧物的局部或整体的设计进行二次处理，保证

① 原研哉．设计中的设计 [M]. 朱锷，译．济南：山东人民出版社，2006.

旧物拥有全新的艺术造型，获得额外的生存价值，延长其生命周期”[①]。

首先，旧物面料创新改造。具体而言，通过将多件色彩相近的服饰面料拆解为小型且规整的形状，并采用错位拼接法重组，可以创造出耳目一新的视觉体验。此外，通过对面料进行反复的褶皱处理，并将褶皱巧妙地缝制于服装的边角，可显著增强服饰的立体感与层次感。通过有计划地破坏旧衣物的部分面料，重塑其形态并作为新型配饰融入设计，或是对非针织面料进行镂空剪裁，能有效赋予面料全新的质感与风貌。服装设计师通过对面料的增减调整与创新处理，可轻松实现视觉效果的转变。

其次，旧物款式升级再造。引领可持续时尚浪潮的再造衣银行，是FAKENAT00孕育的创新子品牌，自2011年由环保先锋张娜创立以来，便以独特视角诠释绿色生活美学。该品牌的核心在于再造衣，即将回收的废旧衣物视为待发掘的宝藏，通过创意重塑与匠心工艺，赋予它们第二次生命。“银行”一词是隐喻，不仅是废旧衣物的聚集地，更是旧物升级、焕发新生的舞台。张娜深谙绿色设计的力量，坚信每件旧衣都蕴藏着变废为宝的潜力，它们的重生不仅是对资源的循环利用，更是对环境保护的践行，实现了时尚与责任双赢的局面。

受绿色设计思潮启迪，张娜为旧衣物赋予了全新的审美视角，别出心裁地推出了再造衣订制系列。她将客户家庭成员的各类旧牛仔裤通过精细剪裁与创意拼接，制成了一款独一无二的牛仔夹克，作为客户女儿生日的特别礼物。夹克袖子源自母亲的背带裤，保留了标志性的贴袋并巧妙倒置，成为时尚点缀。此作不仅承载着家族温馨记忆，跨越了时间的界限，融合了过去、现在与未来的情感价值，更以实际行动展示了牛仔面料循环利用的可能性，有效减轻了传统材质对环境的负担，彰显了环保与创意并重的时尚新风尚。

再造衣银行这一品牌通过对旧衣物的款式进行升级再造不仅保留了用户对旧衣物的回忆和蕴含的内在情感，而且避免了旧衣物对地球环境的破坏，符合当代绿色设计理念。显然，如今的服装设计并非一味地追求时尚潮流，而是在追逐时

---

① 郑晓静．论原研哉的“再设计”[J]．赤峰学院学报（自然科学版），2014（23）：33-35.

尚中融入环保观念，实现了有温度的设计，这种对旧衣物的重新设计和应用蕴含着有意识的、理性的生活方式。

最后，对旧物的搭配进行升级再造。无数服装生产企业的设计师为实现绿色服装设计可持续发展贡献了自己的力量。许多个人也不例外，有一个人始终站在时尚的前沿，竭尽全力地推动着绿色服装设计的可持续发展，她就是戴安娜王妃。她作为当代的时尚达人对于潮流有着独到的见解，对服装有着独特的审美，值得后世参考和借鉴。戴安娜王妃对于服装一直秉持着环保的理念，对于过时的衣物并未直接丢弃，而是结合自己对时代潮流的理解进行重新设计和修整，如将一件浅蓝色泡泡长袖修身连衣裙改造成无袖抹胸晚礼服，修改完成后完全是两件服饰，原本端庄、秀丽，改后变得性感、时尚，她通过服装的重新改造，实现了服装设计的可持续发展，大大延长了服装的使用寿命。

3.“混搭法”设计

“混搭法”设计，作为时尚界的一种创新潮流，其核心在于融合多样的服饰单品，创造出别具一格的视觉效果。同一件衣物，在搭配不同色彩、风格及材质的服饰后，能够焕发新生，展现独特魅力，这种非传统的融合方式深受当代社会青睐。混搭法不仅引领了时尚新风尚，更在环保层面展现出了深远的意义。通过重新组合旧衣物，此法有效减少了对新衣物的需求，降低了资源消耗与浪费，延长了服装的使用周期，为服装行业面临的可持续发展的挑战提供了新思路。

混搭的精髓，在于它既能彰显每一件单品原有的个性与风格，又能在此基础上创造出前所未有的全新风貌。以西装为例，传统搭配常显正式却乏善可陈，而若以西装上衣配搭轻盈纱裙，则刚柔并济，令人眼前一亮，实现了视觉上的双重享受。混搭，是一种勇于尝试与突破的设计哲学，它拒绝无序的堆砌，而是追求一种和谐与平衡的艺术境界。在这个过程中，“度”的把握尤为关键，既要避免浮夸，又要保持风格的鲜明与独特。即便是普通民众，也能通过掌握混搭技巧，实现中性与性感、正式与休闲、甜美与帅气的巧妙结合，展现出令人惊艳的时尚风采，彰显个人品位与创造力。

混搭的核心在于紧跟潮流步伐，它不仅是个人对流行趋势理解的体现，更是每个人对时尚个性追求的展现。重要的是，混搭并非僵硬的模式，它灵活多变，深受搭配者职业背景、专业特质的影响，促使人们在多变的穿衣风格中探索无限可能。混搭过程中，搭配者凭借个人的审美与丰富的想象力，将各类服饰单品多样融合，即使原本平凡无奇的单品，也能在混搭的魔法下找到不一样的感觉，彰显独一无二的自我风采。对于普罗大众而言，混搭无疑是触及时尚领域最为直接且有效的途径。它不仅为着装增添了无限活力与鲜明个性，这份魅力更源自搭配者自主的创意与设计。此外，混搭风格与现代社会的快速发展相契合，与时尚潮流产生着奇妙的化学反应，推动着时尚界不断前行。

4.“可拆式”循环设计

这一设计理念的核心在于将服装的多个部分及配饰设计为可拆卸结构，旨在促进资源的循环利用，有效延长服装的使用周期。

原本，可拆式设计多见于工业设计领域，它对产品生命周期及环境影响的正面效应已得到广泛认可。那么，这一理念能否在服装设计界同样大放异彩，成为推动绿色时尚的重要力量呢？这里从三个维度审视可拆式设计在服装领域的应用前景：（1）通过可拆式结构设计，将上衣主体与袖子以拉链相连，实现上衣的多功能性转换，使上衣既可单独作为马甲，又可组装成外套，甚至袖子也可单独搭配其他服饰，极大地丰富了穿着的多样性。同样，裤子也可采用三片式可拆设计，通过变换色彩组合，提升穿着的新鲜感与实用性。（2）在配饰设计上引入可拆概念，如童装衬衫上的可拆卸小披肩，通过不同纽扣的连接，创造多样化的搭配效果。女装方面，口袋、袖口、领口等部件的可拆式设计，让顾客能够根据自己的喜好进行 DIY，打造出独一无二、风格多变的服装造型。（3）将废旧但尚可再利用的服饰转变为多功能配饰或实用物品，这不仅减少了资源浪费，还促进了绿色生活方式的普及。具体而言，那些看似不再符合潮流的棉质连衣裙与 T 恤，实则是创意 DIY 的绝佳材料。通过巧手改造，它们能够摇身一变成为个性的布偶玩具、环保的家居抹布，或是成为为其他物品的填充物。这一过程不仅赋予了旧衣物新的生命，也避免了它们成为环境的负担，展现了变废为宝的绿色智慧。

可拆式服装设计理念，更将回收与再利用提升至了新的高度。这一理念深刻体现了绿色设计的精髓，即在设计之初就考虑到产品的生命周期及其环境影响。通过可拆卸、易重组的设计，服装能够结合穿着者的需求与喜好，大大延长服装的使用寿命。同时，这种设计也为设计师提供了广阔的创意空间，激发了更多新颖、实用的设计理念。可拆式服装的回收与再利用并不局限于技术层面的加工处理。对于那些因轻微磨损或款式稍旧而被弃置的衣物，我们可以采取更加灵活的处理方式——通过二手交易平台实现它们的再次流通。国内外诸如闲鱼、转转、thredUP、Poshmark 等平台，已成为二手服饰市场的重要组成部分。这些平台不仅为消费者提供了一个买卖二手服饰的便捷渠道，更为资源的循环利用提供了强大动力。

5. 置换式设计手法

在绿色设计思潮的引领下，置换式设计作为一种前沿的设计手法应运而生。其核心在于“置换”二字，这不仅是对服装材质的简单替换，更是对设计理念的深刻革新。此手法对初始条件的要求相对灵活，它聚焦于服装设计流程的细微之处，通过精确调整材料选择、加工技术及成品形态，为传统设计理念注入新鲜血液，显著提升服装的综合性能与市场价值。

以“REVERB”品牌为例，作为江南布衣旗下的先锋品牌，它率先倡导服装零浪费原则，并秉持“Athleisure（运动休闲）、无性别、再生和灵动”的设计理念。在 2018 年的秋冬时装秀上，REVERB 推出了一款革新性的羽绒服，其独特之处在于摒弃了传统皮毛材料，转而运用先进的材料置换技术，将纱线裁剪成不同长度，模拟出皮草的细腻触感，既保留了温暖、舒适的穿着体验，又实现了环保与健康的双重追求，完美诠释了品牌对于绿色设计的深刻理解与执着追求。

面对全球奢侈品行业普遍依赖珍稀自然资源（如象牙、皮草等）的现状，置换式设计的引入显得尤为重要。它倡导利用高科技手段替代不可持续的自然资源，不仅为生态环境减压，也为人类生活方式的绿色转型提供了切实可行的路径。

6. 无性别设计手法

无性别设计，主张在服装设计中淡化甚至消除性别界限，是绿色设计理念下一个引人注目的创新方向。传统上，服装设计往往通过明确的性别标识来区分穿着者，而无性别设计则是对这一规则的勇敢挑战。它去除了性别符号的冗余，让服装回归其最本质的功能性与审美性，同时也在设计、生产和销售的各个环节实现了成本的优化，与绿色设计的核心理念不谋而合。

以 REVERB 品牌为例，其无性别设计策略不仅是对市场需求的精准捕捉，更是对时尚趋势的前瞻引领。通过这一设计手法，REVERB 成功打破了性别的束缚，让服装成为跨越性别界限的通用语言，不仅为消费者提供了更多元化的选择，也促进了社会文化的包容与进步。以近期发布的一款印有回收标识的纯棉卫衣为例，其设计线条流畅，摒弃繁复装饰，展现出一种超越性别的时尚态度，完美诠释了“衣为人穿，非人为衣所限”的现代理念。

7. 余料 DIY 设计

余料，即服装生产过程中剩余的边角料，在环保与创新理念的双重驱动下，被赋予了新生。这一设计实践不仅最大限度地减少了资源浪费，还融合了绿色设计理念，引领了一场别具匠心的时尚革命。DIY 设计，作为一种流行趋势，它不仅让设计师在创造中享受着心灵的宁静，更要求设计师具备非凡的创意视角、独到的审美品位及精湛的设计技艺，以确保每件作品都能触动消费者的心弦，同时促进设计的多样化发展。

ICICLE 之禾品牌以其独特的“舒适、环保、通勤”定位，在中国服装界树立了绿色时尚的标杆。值得注意的是，ICICLE 之禾的“环保”哲学远不止于材料的选择与加工方式的环保，它更是一种贯穿品牌全生命周期的核心理念，从设计构思到消费者穿着体验，乃至与自然环境的和谐共存，无一不彰显着品牌的环保责任感。其服装风格虽不刻意追逐潮流，却通过绿色材料的运用与精妙的设计构思，打造出了一系列简约而不失格调、适合四季穿着的服饰。

ICICLE 之禾在环保材料的研发与应用上不遗余力，同时，对于生产过程中不可避免会出现的余料，品牌也采取了积极的应对策略。通过将 2017 年至 2019 年间积累的余料进行创意 DIY，品牌成功推出了一系列以“自然最好玩”为主题的限量环保服饰。这一系列作品，因材料本身的独特性而充满了无限的设计可能性与趣味性，不仅展现了品牌的环保创新力，也激发了消费者对于绿色生活的美好向往。

8. 可回收材料绿色配饰设计

在现代时尚界，绿色设计理念正引领着一场革命，尤其在服装配饰领域展现出了非凡的活力。面对配饰高淘汰率与消耗巨大的挑战，绿色可持续理念成为焦点，旨在减少对自然的负面影响。

伦敦新锐手袋品牌 Mashu 便是这一趋势的典范。自 2017 年诞生以来，Mashu 以其独特视角重塑奢华定义，运用回收塑料与聚酯，赋予手袋新生命，既美观又环保。品牌勇于创新，不仅节省能源，还有效降低了碳排放。为弥补回收材料在触感上的不足，Mashu 设计师从菠萝叶中萃取天然纤维，模拟出皮革的细腻与温暖，确保产品既环保又舒适。手袋的手柄部分也源自希腊家具工厂的废弃余料，再次证明了循环经济的魅力。Mashu 的实践，是对绿色可持续发展理念的深刻诠释，不仅实现了资源的最大化利用，更引领了一场关于美的重新定义，其社会价值与生态贡献不可小觑。

Mashu 品牌的手袋不仅十分重视绿色设计，而且将现代美学观念融入其中，手袋整体偏向简约，没有使用特别张扬的色彩，既显时尚又不浮夸，完美彰显其低调、优雅的环保设计理念。该品牌回收原材料、加工制造过程基本使用人力，这样能确保对环境的损害程度降低至最低，同时彰显了该品牌的独具匠心，不管从哪个角度来分析，该品牌都符合绿色设计理念。

二、“无设计”理念

目前，“无设计”作为蕴含深厚东方哲学文化底蕴的设计理念有着非常广阔的研究空间，尤其与服装设计领域的结合，是对于整个服装市场状态的净化，使服装产品本身更具思想意义与社会效益。所谓的“无设计”理念是东方传统哲学观念的具体体现，将展现消费者的情感诉求和心灵向往置于首位，坚决反对当下重形式轻内容、重外在轻精神的设计状态，同时在产品当中融入“无”的哲学思想以及返璞归真、无中生有、天人合一等设计理念，使设计市场“慢”下来、“静”下来、“放松”下来，其设计探索希望给予当代服装设计以启迪、开拓和深化，力求以最贴近身体与心灵的方式为身处忙碌、倍感压力的社会人员提供舒适、释然、自由的慰藉。

（一）“无设计”理念服饰源流

在中国传统文化的沃土中，道家老庄哲学、禅宗与儒家思想历经岁月洗礼，不仅深刻影响了中国传统美学的构建，也成为服饰文化与美学的精神灯塔与理论基石。自古以来，先贤便将“无”之哲学融入服饰艺术，孕育出别具一格的服饰美学，这不仅是“无设计”理念的萌芽，更是中国文化独特的时尚哲学体现。

追溯“无设计”之源，我们不得不提道家对自然的崇拜。这种源自自然崇拜的哲学精神，促使古人通过图腾表达美好愿景。图腾如龙、蛙、鱼等，不仅承载着古人对生殖与母性的崇拜，也被视为道家柔性美学思想的滥觞。自春秋战国以来，神话传说作为图腾与仪式的艺术化阐释，进一步强化了道家对自然法则的尊崇与顺应，孕育了“天人合一”“道法自然”的核心理念，这些思想深刻影响了“无设计”理念，使之蕴含了顺应自然、无为而治的美学追求，以及生态和谐的审美情趣。

到了秦汉时期，伴随着儒学的盛行，服饰审美逐渐被“礼”禁锢约束，古代社会也从此形成了完整而严苛的服饰宗法制度。但随着儒学思想的不断深化与巩固，这种的阶级意识与政治目的也使得当时人们的思想不断僵化，面对此情形，老庄从追求服饰外在装饰的“无”，与内在精神的“有”的角度实现了古代服饰美学的第一个突破。

老子服饰观中“简”“朴”成为其最主要的美学观点。如今“被褐怀玉”作为成语常用来形容一个人出身贫寒却有着真本事、真才干，而从服饰美学的角度来讲，则是主张人们不要对于华美服装有过分追求。服装的“简”与内心的“满”才是“有”与“无”的对比，体现了人们不强调外在、注重内在的思想。同时“五色令人目盲”更是老子对于服装繁复装饰的反对，在服饰色彩的审美取向上，他认为简朴低调才是一个人精神、气韵与风度的高度体现。

与老子相比，庄子的服饰美学观更加自然洒脱，在崇尚外表潇洒的同时，他更加向往服装为人心带来的自由之感。与儒家思想所形成的重“礼制”约束的服饰礼仪制度，以及与人的自然天性相对立的观点有所不同的是，庄子提出了“解衣般礴”的观点，认为“衣由心生”，服装是不拘形迹、不受约束、顺其自然的。在此期间，儒家美学观对于古代服饰美学与“无设计”理念的形成并非都带有禁锢、消极的含义。在服饰上，孔子提出的“衣锦褧衣”和“衣锦尚絅”均体现了儒家“中庸”之观与“中和”之美，这不仅为后来古代服饰的变化与发展产生了积极意义，更加让后人开始思考如何正确对待“无”的观念以及如何权衡服装中的“有”“无”之美。

《史记·孝文本纪》中记载，汉代初期“上常衣绨衣，所幸慎夫人，令衣不得曳地，帷帐不得文绣，以示敦朴，为天下先”[①]的着装形式已经体现出重内在轻外在、和谐统一的服装美学升华，更有隐士在服装追求简朴的同时，衣衫褴褛、蓬头垢面，以清简的着装更加突出自己的内心与灵魂，是借由服装的媒介呈现情感上的率性洒脱。总体来讲，他们在追求服装自然简朴之境的同时，更加强调衣物气韵生动、情蕴意浓的状态逐渐完善，并将之作为“无设计”理念服装中的核心与灵魂。

到了玄学兴盛、道家思想高潮的魏晋时期，从《高逸图》中文人隐士服装的飘逸自然、去奢求真的气质风度，到《洛神赋图》《女史箴图》中女子大袖翩翩的浪漫韵味，人们将道家服饰美学发挥到了极致。进入唐代后，伴随着统治者对

① （西汉）司马迁．史记 [M]. 西安：三秦出版社，2007.

于佛教的大力推崇，此时的禅宗思想经过佛学与本土道家文化的浸润与洗礼，形成了别具一格的哲学思想，再一次对中国古代服饰美学的变迁产生了第二次重大的影响。在继承传统印度佛教的美学基础上，禅宗美学再一次挑战了中国古代严谨的服饰风格，以人体为美、袒露身体、以自然为本的思想统统升华了外在服饰美与内在心灵的洒脱自由。

“身著天仙霞衣，领用直开，袖不合缝，霞带云边，戴五岳真形冠，著五云轻履，行持俱足，得天仙戒果”①是后来在《道德真经》中对法服的记载，在对于“开领”“袖不合缝”“霞带云边”等服装外形的介绍中，可深刻感受到此时服饰所呈现出的飘飘欲仙之感，这种追求“仙化”风格的服饰美学同时也把道家、儒家、禅宗共同将“自然之神”寄予服装的迫切愿望娓娓道来，是对“无”的轻物质、心灵解脱、自然极致之仙境特点的憧憬与向往。

直到后来，人们在不同的社会环境与时代背景中，对服装审美与需求进行一轮又一轮的审视之后，伴随着当代社会生活压力、思想精神负担的不断加大，面对眼花缭乱甚至是被利益所支配的服装消费市场，人们再一次想要回到那个追求服装本质与“真、善、美”的环境当中。在服装历史的长河中，不论是对于自然生态的“天性”追求，还是逍遥自由的“心性”追求，其中所体现出的自然之美、生命之美、心灵之美、人性之美，无不体现着“无”的美学精髓。因此，当代越来越多的设计师也在不断找寻那个逐渐“丢失”的最“纯真”的服装本质，试图将更加浑然天成、自由心生的设计带给当代消费者，为整个服装行业甚至整个社会找回最本真的状态，而这些思想与需求都有丰厚的历史渊源，体现在了美学文化的“无设计”理念当中，并在当今的服装设计领域不断重生、发酵。

（二）“无设计”理念服装设计原则

在当今设计领域，任何新颖的设计理念或风格的盛行与被接纳，均需深刻洞

① （齐）顾欢．道德真经注疏 [M]. 北京：文物出版社，1982.

察并顺应时代的社会脉搏与审美风向标。“无设计”这一前卫理念与服装设计的深度融合，正是基于对当前服装设计准则与市场症结的深刻反思与创新回应。从现代审美趋势的宏观视角审视，“无设计”不仅承袭了东方哲学的深邃智慧与美学精髓，更在不断对话与融合现代服装设计理念与态度中，找到了传统与潮流的平衡点，绽放出了独特而鲜活的魅力，赢得了广泛的市场认同与消费者的青睐。进一步从推动并重塑服装设计业版图的角度来看，“无设计”理念直面行业面临的快速消费、表象化设计泛滥以及民族特色缺失等挑战，提出了独树一帜的设计哲学，引领着时装设计的新风尚。

1.“天人合一”的自然和谐观

“天人合一”的自然和谐观念，作为中国古代农耕文明深厚底蕴的结晶，深深植根于“无设计”的时装设计理念。古人对宇宙、自然规律的精妙把握，如“春种秋收”的时令智慧，不仅体现了人与自然的紧密依存，也启示着设计应追求的内在和谐与平衡。“无设计”时装不仅是服装设计的艺术实践，更是对东方哲学智慧与现代审美追求的深刻理解与表达，它以独特的方式诠释了何为“少即是多”，何为“无形之形”，为当代时装设计界注入了新的活力与灵感。

在时尚界，调和与折中的艺术手法，初看之下或许给人以风格模糊之印象，实则这种服装设计深谙无与中和之道，其表象上的无风格，正是无设计理念时装所独树一帜的美学精髓。此理念超越了单一元素的堆砌或局部视觉效果的刻意张扬，转而聚焦于服装整体的和谐共生——从款式的流畅、结构的精妙、色彩的和谐、面料的质感、工艺的精湛到装饰的恰到好处，每一环节均致力于实现有与无之间的微妙平衡，彼此映衬。

在设计实践中，无设计并非意味着设计的缺席或对装饰的摒弃，而是一种以更为深邃的视角，探索材质本真之美的极致展现，它强调可持续理念与自然之力的融合，要求设计师在尊重材质原始特性的基础上，通过细致入微的把控与处理，让每一件作品都能在繁与简、有与无的哲学思辨中，展现出设计的纯粹与精致。这种设计理念，是对传统设计思维的超越，它倡导的是顺应自然法则，追求的是天人合一的和谐境界，让服装不仅有装饰功能，更是人与自然、艺术与生活和谐共融的媒介。

2. 返璞归真、减而不简的朴素平淡观

在《道德经》中有这样一句话："见素抱朴，少私寡欲。"[①] 它在被后世人看作老子的治国方略的同时，也被理解为老子极具代表性的服饰美学观。在这里，"素"指的是未经过染色呈原色的生丝，同时隐喻品质纯洁、高尚的圣人；"朴"指代没有进行加工的原木，比喻合乎自然法则的社会法律。此句在提倡君主"无为而治"的同时，也体现了老子对于着装保持原汁原味、顺应自然法则，强调服装中的"去甚、去奢、去泰"，反对过度装饰、华丽奢靡，而应尽力凸显服装本真魅力的思想。这种对于返璞归真、朴素之美的追求，也是建立在上文"天人合一"崇尚自然和谐基础之上的，试图利用自然界本身的力量，将服装进行修饰、完善、发展。

而这里对于"朴"与"素"的指代，便引申出对于"材"与"技"关系的处理问题，即材质、原料与人工技艺、技术的配比与把控。在"无设计"理念服装设计中对于"材"与"技"的平衡把控，也应当遵循老子所崇尚的"大制不割""有无相生"的理念，这并非指原汁原味、野生的、不经人事的材质即可完全作为好的状态被人们利用，也并非指工业化时代充满科技含量、处理完美的机械产品真的能深入人心，而是指在充分保留并发挥材质原有特性同时，恰到好处地加入纯熟的工艺，将原本具有价值的材质做进一步的提升。

另外，在理解"无设计"理念服装设计中的"减而不简"时，可以将其等同为老子"淡乎其无味"的理念，即以"淡"为美的思想。在这里"淡"与"味"已经不再是我们生理中所提到的味觉感受，而是建立在心理感受之上的审美感受。在服装设计当中，"淡"与"无味"并非真正的清淡无味，而是指虽然服装外在表现形式看似平淡，但实际上在设计背后蕴藏的背景、文化、故事却无穷无

① （东周）老子 . 道德经 [M]. 陈忠，译评 . 长春：吉林文史出版社，1999.

尽，是“淡而有味”“减而不简”“简洁不淡”的设计思想。

因此在“无设计”理念服装设计当中，朴素简约成为设计师常常遵循的一项设计原则，在设计风格上以“简”为主、以“淡”为美，力求还原服装的原汁原味，在保持其朴素简约的同时蕴含着自然的活力与生机、文化精神的深刻与丰厚。在设计手法上，注重体现款式、结构、色彩、面料的本真之美，不苛求技艺的复杂先进、装饰的华丽精湛，而是因材施技，注重材质之美、自然之技、民风之俗，以及在简约的外观下透露出的技艺美、功能美、意蕴美、人性美，使服装呈现耐人寻味的丰厚内容，真正做到“衣无形、意无穷”。

3. 绿色环保、持续共生的健康实用观

近年来，发展低碳经济逐步成为全球意识形态和国际主流价值观。低碳经济以其独特的优势和巨大的市场，已经成为世界经济发展的热点。因此，绿色环保的材质选择、精简节约的原料开发、健康实用的功能设计不仅成为当今整个设计市场乃至服装行业对于“低碳经济”发展的大力呼应，同时也成为“无设计”理念服装设计中始终主张与遵循的精神与原则。

在“无设计”理念服装设计当中，从制衣原材料的选择到面料的设计与开发，再到对于服装整体美观性与实用性的思考，无不体现着绿色、低碳、环保、可持续的思想，这不仅是“无设计”理念对于自然最大的尊重与顺应，同时也是对“以人为本”终极目标的铺垫与引导。

首先，从原材料的选择上来讲，上文中我们一直提到的“自然和谐观”“朴素平淡观”的设计原则，都将基于绿色环保材质的选择与利用得以更好地发挥，不论是棉、麻、丝等天然材质，还是如今利用科技提取并加工产生的各类人造自然纤维，都已成为“无设计”理念服装设计中首选的材料，从源头上保证了穿着者舒适健康的体验。

其次，在原料生产、面料加工、设计制作等方面尽可能采取低碳环保的手段，在这里不仅要把控好自然与科技、人工与机械之间的合理配比，更加重要的是遵循上文提到的在“有”与“无”“材”与“技”之间进行适当把控的原则，以此来呼应当今的低碳环保理念。低碳环保不等于不开发、不利用，而是重在如何理解并实现“合理”二字。

最后，在保证服装美观性的同时，“无设计”理念服装设计更加注重服装实用性能与利用率的提高，服装使用寿命的延长与穿着多样性实现的不仅是可持续发展原则，“一衣多穿”等设计手法更加秉承了道家“一即是多”“无中生有”的思想观点，力求使用更少的设计为服装带来更多的穿法、更长的寿命、更少的浪费，尽量实现服装的利用性、实用性、经济性与长久性，从而实现实用美观的穿着需求与低碳环保的社会需求的完美并存。

4. 人本主义、情理相依的自由超脱观

当一棵古松摆在设计师与画家面前时，二者的反应并不完全一致。艺术家那种不为利益、直击内心的情感流露，与设计师带有经验和功利色彩的思考本身的不同，就反映着艺术与设计在感性与理性上存在的差别。设计承载着理性的功能与规则进入人们的日常生活，但随着物质层面的极大丰富、人类地位的不断提高，设计以人为本、情理相依的思想也在如今的设计领域愈发明晰。

人文精神，即“以人为本”，其核心内容就是肯定人的价值：围绕人的历史与人的活动，把人的精神、形象和身体本身作为关注的中心，尤其是把个人的兴趣、尊严与价值实现作为出发点。在“无设计”理念服装设计当中，这种“人本主义”被设计师以“无我”的状态更加明确地表现在设计作品当中，不论是从实用角度出发的理性与包容，还是情感与意境中想要烘托出的超脱与豁达，“无设计”理念服装设计，更加执着于实现穿着者身心的轻松与自由，而并非对个人风格特点与喜好的偏执。

从具体的服装风格与服装性能上来讲，“无设计”理念服装设计不强调强烈的风格与特点，重在摆脱个人的意志与思想做自然而然的设计，切勿一味追求设计中的功能性，而应在服装中留出“空间”，便于保留穿着者个人的需求意愿，在实现服装参与感、互动性的同时，使之更加符合绿色环保可持续理念。秉承低碳环保理念的“一衣多穿”的设计方式，究其根本也是服务于穿着者的穿着体验、使用情感并引发互动性与参与性的包容设计，作品中流露的更多的是穿着者想要什么，而并非设计师想要表达什么，正如同品味食物一样，酸甜苦辣自得于心。“无设计”理念服装设计也力求开发更多的“空间”，为穿着者营造出更多属于自己的发挥空间，打造出满足设计师与穿着者共同意愿的服装作品。

另外，从传统哲学思想的角度来看，不论是道家的“无”还是禅宗的“空”，实际上都包含着看破世间万事万物、超脱自由、豁达应对的精神状态。在“无设计”理念时装设计当中对于自然的追求，对于“无我”状态的向往，实际上都是通向“返璞归真”之境心理的反映。因此凡是从人心出发，不拘泥于手法、材质、各种外力、自由且自然的设计都是“无设计”理念服装设计想要释放穿着者身心、营造本真心态、远离世俗纷繁的表达方式，与此同时，也能够更好地在艺术的感性与设计的理性中寻找平衡，使设计产品服务人身并滋润人心。

（三）“无设计”理念服装设计的表现形式

1.“无设计”理念服装造型的表现形式

造型作为最直观体现服装风格与类型的元素，最先被人们关注到，同时在很大程度上反映了当下服装的流行趋势以及审美导向。造型在服装整体中所呈现的意义与价值也表现为以下两点：从服饰文化与社会历史学的视角切入，深入剖析服装外缘轮廓剪影的演变历程，揭示不同历史时期轮廓特色的更迭如何映射并影响着现代服装设计的流行趋势；运用人体工程学的原理，探讨轮廓形态与结构设计之间的微妙关系，通过系统归纳，提炼出轮廓变迁所遵循的数据规律及对提升人体着装舒适度的贡献。这一过程明确了服装造型的核心要义——美观与舒适性的和谐统一。

跨越文化的界限，无论是中国传统儒、道、禅的哲学精髓，还是日本美学的独特韵味，都在历史的长河与思想的交汇中，孕育出了一种共通的服饰审美观。它们均倾向于在克制个人欲望的理念下，强调服装的遮盖与修饰功能。与西方美学中直接展现人体曲线美及“艺术美高于自然美”的理念相异，东方美学倾向于抽象、概括、隐晦地展现人体美，通过宽松自然的服装形态，凸显穿着者的内在精神与气质。

“无设计”理念正是植根于这样的东方哲学土壤，在服装造型上的体现，多为A形、H形、O形等宽大、修长、直线条的外轮廓设计，回避了明显的腰臀曲线，与道家、禅宗追求的“天人合一”自然美学相呼应。此类设计赋予服装以飘逸自由、随风而动的韵味，成为“无设计”理念的核心表达之一。在这样的设计哲学下，服装超越了物质形态，转而成为传递穿着者内在美德与平和心境的媒介，营造出一种超脱物我、空灵静谧的着装境界。

从人体工学维度来看，宽大直身的设计在物理层面上保障了穿着的舒适度，这种对身体的无拘束与尊重，是对自然法则及人性需求的深刻理解与遵循。它不仅构建了人、衣、自然之间的和谐关系，更体现了“无设计”理念时装独有的个性魅力，即在简约中见深邃，于无形处显真章。

2.“无设计”理念服装结构的表现形式

服装的款式精妙地融合了造型与结构两大要素。服装结构，不仅能够勾勒出衣物的外部轮廓，还能够联结衣物的各个组成部分，实现功能性与审美性的高度统一。它确保了服装的结构严谨且形态优雅，既满足了穿着的实用需求，又赋予了视觉上的美化效果。

“无设计”理念的时装设计，在承袭传统服饰美学精髓的同时，也注入了时尚的独特灵魂。它以一种创新而个性化的方式，重新诠释了经典与传统，展现了“无设计”背后深刻的创意追求。在此理念指导下，服装设计往往去除冗余的结构线，以增强穿着的舒适度与宽松感，进而凸显出一种质朴无华、自然流畅的美感，让服饰成为穿戴者个性的自然延伸。

除了对于服装结构线的简化之外，“无设计”理念服装还打破了传统服装结构线变化甚少的特点，常采用非常规结构线的设计。这种非常规结构线并非严苛地根据身体曲线进行设计，而是在合乎人体曲线的基础上，更加自由、随心所欲，总体呈现出的服装风格与服装造型巧妙多端、个性独特。虽然非常规结构线常常作为服装的特殊装饰线存在，但在“无设计”理念的时装当中，设计师更多地会利用其巧妙变幻的特点，为服装设计出多种造型与样式。在颇具时尚韵味的同时，独具匠心的结构设计更将含蓄、随性的传统美学以新的形式活灵活现地展现了出来。例如，三宅一生作为将非常规结构线使用到极致的时装设计师，其服装在丰富多彩、绝妙变幻的同时，更承载着“无设计”理念中所蕴含的天性、人性与随性。

3.“无设计”理念服装色彩的表现形式

色彩作为首先直击心灵的服装要素，给人留下的印象是多种感官共同作用的结果。提到颜色的诞生不得不谈及八世纪时的一本日本著作《万叶集》。在该书中对于颜色的界定都是用形容词实现的，可见颜色本身带来的是高于视觉感受的、更加深层次的心灵感受，正如我们看到蓝色会想到天空，看到绿色会想到草原、看到橘色会想到香甜的橙子，颜色的属性注定是与感官绑定在一起的，颜色名称的作用就像细针上的一根线，能将我们最细微的感情缝在一起。当这根针触到其目标，我们便会感到快乐或者入神，这便是颜色的魅力。

“无设计”理念服装在色彩的选择与表达上通常选用无色系、素色系、自然色系，除呼应了师法自然、质朴顺遂的天然感外，更多通过低明度、低纯度的色彩使用，强调“无设计”理念服装中克己私欲、深沉内敛的气质。

同时，在“无设计”理念服装设计当中，强调更多的是色彩所承载的感情与心理，以及与所处环境的呼应与共鸣。色彩、情感、环境的高度融合，更能够将穿着者引领向服装本身想要营造出的氛围与境界当中，从而提升服装所独有的艺术价值。因此，相对于更具“功能性”的彩色使用，这种更具想象与体验空间的无彩质朴色系使“无设计”理念时装更加有利于与自然的环境、超脱的氛围进行融合，并将返璞归真的精神更好地传达给穿着者。

4.“无设计”理念服装面料的表现形式

服装设计与材料的关系是相互依赖的，它们是一个不可分割的整体。一件成功的作品应该是设计与材料最完美的结合。材料不仅直接关系到观赏时的视觉感、接触时的质感，还是服装形成风格、承载心灵情感、进行升级创新的重要物质支撑。

“无设计”理念作为十分重视并还原产品本身样貌的设计理念，在服装设计中对于面料的选择也更加倾向于使用天然、环保、可降解、可循环利用的材质。它将人们的穿着体验感、舒适度放在第一位，同时也强调原料的“天然美”、大自然的“本质美”、低碳环保概念下的“绿色美”。服装作为贴近人们生活、身体、心灵的实用设计，面料对皮肤产生的触感是人们对服装最为直接的情感体验，人体感受的舒适程度直接决定着使用者的心情与感受。

“无设计”理念服装设计多从自然界获取具有良好穿着感的棉、麻、丝织品，并将之作为首选面料。响应低碳环保理念的“无设计”服装中同样也会选择别出心裁、具有特殊性能的 RPET 面料、纸类面料等人造绿色材质，在做到面料来源于自然又回归于自然的同时，此类面料相比传统天然材质面料具有更独特的功能性，可以供设计师完成更加出色的设计作品。

从设计手法上来看，“无设计”理念服装当中对于面料的设计及处理要求基本秉承用而不伤、重材轻技的原则，从具体的面料表现特征来看，则是利用天然的材质、精简的技艺呈现更加朴实自然、宛若天成的肌理与风格，不强调形式的华丽突出，而是将技法施展得恰到好处，从而保留材质的原汁原味，其中传统印染与织造技艺的传承与延续，也成为“无设计”理念服装设计中面料表达的重点之一。

崇尚素简、自然美学的服装设计师李玲洁，曾以纸为主要材质进行了“纸语”系列服装的制作，探索了“无设计”理念在染色、手织、肌理、编织等方面的设计可能性，从传统扎染、面料复合、民间剪花等工艺探索中，挖掘纸自身的语言，使之回归为纯粹、简素的美学状态，每一种技艺的表达都充分借助纸本身的材质特性进行了发挥。这种对于“材”与“技”的正确把握，才是“无设计”理念服装设计中对于面料处理的最佳方式。

5.“无设计”理念服装工艺的表现形式

服装工艺美属于服装美的范畴，工艺的特殊性决定了设计与制作本身就是相关联的。工艺制作实际上也是设计的延续、发展和完善，在服装设计中，服装工艺已经不仅是辅助设计师完成作品的必备的程序与技能，更是给予设计师设计灵感，使他们更好地创作、完善设计作品的环节。

“无设计”理念作为重情重理的设计理念，在服装工艺的表达当中更加强调因材施技、因人施艺，重在发挥材质本身的特性，不使工艺超越材质，而是辅助材质，不使服装压过人本身，而是重在方便舒适并衬托穿着者的气质；同时，讲究对传统工艺的研究、古朴之美的传承。从原始山顶洞人制作骨针手工缝衣到中国古代劳动人民的古法织布，这些自然的、人性的方式在如今的机械化生产当中越来越少见，而“无设计”理念正是将这些逐渐被人们遗弃的手工艺视为无价之宝，用心呈现这些质朴而又实用的美，将这些看似“无用”的、不够华丽的，但足以温暖人心、沉淀历史的技艺与时装设计相融合，使穿着者在感受文化价值的同时更感受到情感上的慰藉与动容。

无用品牌作为诠释“无设计”理念的设计先驱，其产品从面料的织造、色彩的印染到服装的缝制，再到最终的精细装饰，都是手工艺人花费几个月，甚至几年的时间完成的。

6.“无设计”理念服装装饰的表现形式

从认知角度看，服装装饰是人类在社会实践中改变事物原貌，使之不断增益、美化的行为方式和造物方式。从文化角度讲，服装装饰是人们对现实生活感性认知最生动的文化提炼与表现，强调艺术性。在“无设计”理念服装设计当中，虽讲求简单朴素的外观，但并未否定装饰为服装所带来的美感与意义。“不为纯粹装饰美而设计”才是“无设计”理念服装设计对于装饰美的真正态度，并且在对于装饰元素、装饰手法、装饰工艺的选择上，“无设计”理念时装设计也有着有别于其他服装设计的独到之处。从装饰元素的角度上来讲，不论是图案题材的选择，还是配饰品、材料种类的确定，“无设计”理念作为追求自然洒脱、返璞归真意境的时装设计，自然元素、传统元素、民族元素以及具有深刻寓意和内涵的元素皆成为其首选内容。在图案表达中，动植物等自然事物可以唤起人们对于大自然本真以及美好愿望的向往，独具民族特色的质料与配饰，同样也承载着深厚的情感与归属感。

从装饰手法的角度上来讲，“无设计”理念服装设计遵循“古朴精致、灵动和谐”的设计原则，反对过分夸张、吸睛装饰内容的出现。设计师可以结合精湛的传统手工艺进行具象、精致、小面积的装饰点缀，同时也可以通过抽象变形进行更具现代感的艺术处理，但切勿使装饰内容过分突出进而导致喧宾夺主。在装饰面积的把控、繁简的处理、色彩的明暗上力求和谐稳重，使之“隐匿”在服装中，起到锦上添花的作用。例如，班晓雪对大面积装饰图案的处理柔美灵动、深沉内敛，这便是他不断用现代美学手法给予民族元素以新的诠释，将当代元素与古典元素相互融合的最终成果。

不论是服装制作工艺还是装饰工艺，其中承载的地域特色、民族文化、风土人情，均是“无设计”理念服装设计中极为重视的要素。正如上文所提到的，在“无设计”理念服装设计中不会为了纯粹的装饰美而装饰，更加注重装饰背后蕴藏的历史与文化。那些古老的、传统的、民族的装饰技法如刺绣、拼布、编绳等都成为“无设计”理念服装设计不断补救与继承的古老文化。它们的应用在为服装带来古朴与美感的同时，也是对民族情愫、时代烙印与历史文化的积极保留。

（四）“无设计”理念服装设计创新思考

1 新极简主义

极简主义的崛起，无疑为纷繁杂乱的时尚界注入了一股清流，它不仅是一场视觉上的净化运动，更是深刻触及当代人内心深处情感与心灵需求的一次艺术宣言。其独特之处，在于竭力剥离繁复，聚焦于物体的纯粹本质或回归其原初形态，力求在作品中消弭主观臆造，让设计本身说话。这一理念引领设计界迈入了一个新纪元，尤其是以吉尔·桑达、阿玛尼及 Calvin Klein 为代表的时装设计师，他们的作品成为极简美学的典范，被业界广泛借鉴与学习，推动了时尚潮流的深刻变革。

追溯“极简主义”服装的源头，它根植于西方服装设计的土壤，其核心理念——理性、简约与干练，至今仍是这一风格最为鲜明的标签。尽管极简主义的初衷在于揭示事物的本真，但在后续的演进过程中，其外在的简洁形态往往更为显著地吸引了市场与公众的注意，而那份追求内在本质与精神的初衷，却不经意间变得含蓄而隐晦。然而，随着东方美学在全球范围内逐渐获得认可，并深刻地影响服装设计领域，一种新的风尚悄然兴起——“新极简主义”。这一风格深受中国传统哲学文化的启发，强调内在精神的自然流露与简朴洒脱的气质，巧妙融合了“无设计”的哲学理念，实现了对极简主义的创新与超越。

在马可的“无用”系列中，每一件作品都不仅是衣物那么简单，它们更像是承载着东方哲学智慧的载体，营造出一种超脱尘嚣、回归本真的生活意境。马可创建了“无用生活馆”，旨在让热爱这些服饰的人们，能够深刻体会到服饰背后所蕴含的情感与文化深度。无论是童装还是成人装，其简约的外表下，是纯粹内在精神的直观展现，处处透露着中华民族简朴务实、返璞归真的传统美德。尤为值得注意的是，马可对于“简约”的理解独树一帜。在他看来，简约并非简单的形式缩减，而是一种高度提炼后的精神表达，是去除冗余、直达本质的智慧结晶。这种独特的视角，为“新极简主义”服装赋予了更加丰富的文化内涵与情感深度，使之成为连接过去与未来、东方与西方的桥梁，引领着时尚界向着更加深刻、纯粹的方向迈进。在“无用家园”的浴室一隅，悬挂着一套别具深意的睡衣，其命名匠心独运——“不足”与“有余”，巧妙地借喻了世间万物的平衡哲学。这组睡衣，选材自质朴无华的本色棉麻，面料亲和肌肤，触感温柔，其设计遵循着一种至简而不失格调的美学理念。

这也为很多人解释了“无设计”理念与西方“极简主义”的不同。未来“无设计”理念服装设计在“简约”的处理上也应注重呈现出更具哲学深度、不流于表象且耐人寻味、引人思考的创新表达。首先，要试图摆脱多数人眼中仅仅体现外在简约形式感的“极简主义”表达方式，更加强调设计中内在精神的充盈，将之与外在形式的简朴相结合，注重设计精神与本质、人心需求、产品亲切度的实现。其次，在设计理念上更加注重对设计当中“有”与“无”辩证关系的表达，“无设计”理念服装设计并不意味着越简约越好，重在如何权衡“有”“无”之间的良好关系同时突出“无”本身带来的意义。

与此同时，在未来“无设计”理念服装设计的创新当中，设计师们更应明确“无”并不是设计的终点，在此基础上注重实现“无”中蕴含的“有”，才是“无设计”理念时装设计应该努力的方向，这种对简约外表下丰富内涵的开发，不仅是对“极简主义”本质的找回，是内敛且深刻的东方哲学文化的新生命的开始，更是“无设计”理念满足当今消费者、服装市场，焕发文化新生命的开始，揭示了未来设计市场实现新方向、新需求的途径与方式。

2. 新功能主义

功能性作为服装最基础也是最必备的要素之一，始终贯穿于各个时代的服装发展过程。然而，当今时装领域面对功能性的变迁与发展，也逐渐出现了两个重要的问题。一是随着社会的不断发展与物质层面的愈发丰富，时装经历着从实用性到美感的偏移甚至失衡；二是伴随着机械化大生产的普及，服装在功能性上的设计实践，逐渐失去了原有的人性化与亲切感。

功能美是形式美的前提和基础，形式美是功能美的提升。服装设计作为更加注重美感的设计种类，也应在基于实用性的前提下尽可能去实现创意与个性，并追求更加深入人心、以人为本的设计。面对如今在实用与美感、机械与人性之间逐渐失衡的服装行业，越来越多的设计师也开始思考如何在实用性与时尚性、利益化与人性化之间找寻平衡，他们在设计更加注重穿着者体验、人性化的“无设计”理念时装的同时，也在找寻属于这个时代的“新功能主义”服装。

首先，实用性与时尚性之间的把控与权衡，成为“无设计”理念时装设计中诠释“新功能主义”的重要论题，对于时尚与创新本身的理解，也启示着设计师如何重新将服装的功能性与美观性最大限度地结合在一起。好的时装并不一定华丽吸睛，而是包含着丰富的创意与灵感。例如，设计师应将“不跟风的，游离于大众之外，却又在不断创造着新的潮流”作为自己的时尚观点，以创造出简洁含蓄、舒适实用、兼具文化艺术特质以及品味的服装作为终极目标。应将自然材质与实用主义和大胆创新、勇敢自由、率性不羁的精神内核相结合。时尚未必是追赶潮流，这种对自己的超越，也是一种对新生自我的追赶。因此，未来“无设计”理念服装设计也应认识到，在对时尚表现程度进行合理把控后结合适当实用性的设计才是当今“新功能主义”需要表现出的最佳状态。

其次，以情感化、人性化的功能性设计代替机械化大生产所带来的冰冷感、生硬感的常规设计，也成为“无设计”理念服装设计中实现当今功能性新要求的主要方式之一。日本一设计师通过在看似平淡无奇的弹力针织裙上进行开口设计，完成了可以根据孕妇肚子大小而不断变化的服装，这一设计不仅利用了“空”与“无”为服装带来更多的使用空间，还延长了服装的使用寿命。另外，随着孕妇怀孕周数的不断变化，服装的颜色与穿着效果也会随之改变，这在实现服装功能性最大化的同时，为穿着者带来了心灵上的亲切感和愉悦感。“一衣多穿”“一衣多用”的设计手法，同样适于融入“无设计”理念服装设计，这不仅能够充分调动穿着者的参与感与互动感，也是构建设计师与消费者良好关系的途径之一。

最后，设计的本质是为人服务，要满足人的需求，使人身心获得健康发展。因此，未来“无设计”理念也应站在这样的角度上，重新审视服装设计中功能性的所属地位、表现形式与消费者需求。对于“功能主义”的创新与实现，一方面，尽可能利用“无”为服装创造更多“有”与“便利”的价值，做到一切必将从人出发，必将从实用性出发，在此基础之上，时尚、美观、自由、情感才是附加的价值。另一方面，对于时尚与实用的平衡把控、穿着者与服装本身、消费者与设计师的交流沟通，是未来“无设计”理念服装设计乃至整个服装行业需要努力的方向，冰冷的工业产物与浮夸的时尚机器已经是过去式，合理地将时尚与实用、技术与心灵进行调和才是正确的发展方向。

3. 新自然主义

“自然主义”风格是将自然学科和美学艺术相结合衍生出来的一种新的艺术风格，表现为对自然的崇拜、对自然的效仿，以及对回归自然的渴望。与极简主义相同的是，“自然主义”本身来自西方，在设计思想与表达方式上，更加擅长营造浪漫美好的自然美感，在服装造型、图案、装饰上也更加倾向于对具体自然事物的模仿与运用，但在其发展与演变的过程中，也吸收了非常多的表达方式与丰富的东方文化，尤其是在秉承道家与禅宗天人合一自然观理念的基础上。“自然主义”服装设计经历着从“形”到“神”的变化过程，并将这种思想融入“无设计”理念服装设计，在还原自然本真感的设计理念、表达方式上也做着众多新鲜的尝试，由此呈现了更加成熟而抽象、具有不同生命力与表现力的设计作品。

从设计理念、精神文化上来看，设计师们开始摒弃具体的动植物形态，转而尝试将“自然”的特征与灵魂通过抽象的方式融入服装设计的理念与思想。

从表达方式的多样性上来看，自然造型的效仿、图案的绘制归根结底是经过人为艺术处理的设计产物，荷兰服装设计师索尼娅·鲍梅尔（Sonja Baumel）将细菌作为设计灵感与媒介，使自然“本身”与人体进行了真正的交流。她将细菌直接在自己的身体上进行培育，通过不断研究与专家的协助，她将细菌最真实的形态与颜色保留下来，形成了天然的服装，这些服装有着特殊的肌理与触感。“由细菌自我繁殖而成”的服装设计在最大程度上体现了自然的力量，证实了恰如其分的人工辅助才能使自然发挥更大的魅力。同时，这种真正的由“自然”完成的设计，才是最能够使穿着者充分感受天然、自由并实现返璞归真的成功作品。

因此，在未来“无设计”理念服装设计中，在对“自然主义”表现的创新思考中，不只是要通过更多的方式手法实现“自然”的表现形式从写“形”到写“神”的巨大转变，还要更加注重强调自然与人的连接关系。“自然”并非独立，“自然”会因为人的加工与修饰变得更加完美，而人也会因为“自然”本身的魅力与熏陶变得更加舒适怡然。就像禅宗自然观的美学品格是追求人与自然的和谐统一，自然的心相化将自然本身变为一种心灵化、虚拟化的精神境界，即意境，不论是在加深设计理念的解读上还是转变、开发更加多样的设计手法上，都要从心理、生理上更加强调自然、服装、穿着者三者的结合。

另外，适当融入科学技术会使“自然”本身呈现出更加鲜活的状态，服装也会变得更加亲切、感性，使一切舒适的、源于自然的、顺天而造、凸显天性的设计变得更加深入人心。

4. 新情感主义

当产品的安全性和舒适性得到满足后，设计的重点便可以转移到装饰、情感和象征的设计属性上。“情感化设计”的理念最早是由美国著名认知心理学家唐纳德·A. 诺曼提出的。诺曼认为，“情感化”在产品设计中有巨大的功能功用，产品具有的真正价值是为了满足情感需要，使用户产生共鸣，从而获得精神上的愉悦。实际上情感化设计早已经应用在了服装设计当中，尤其是在更加能够体现设计师思想与风格的时装设计当中，情感的注入会使服装更加特立独行，且更容易被人们记住。设计的情感化成为设计师塑造鲜明的个人特点，并使穿着者产生情感共鸣的最主要方式之一。例如，时尚界鬼才约翰·加利亚诺（John Galliano）在他很多的设计作品中，都透露出对女性的保护欲，并致力于通过服装为她们打破束缚，释放内心。

与设计师鲜明独特的个人情感表达有所不同的是，在“无设计”理念服装设计当中，“无我”作为道家处世思想的最高境界，在具体的服装设计中同样映射着想要为穿着者营造的服装氛围，同时也指代着“无设计”理念服装设计师对于自我的定位。因此在“无设计”理念服装设计当中，情感性的创新表达更应抛开“自我”，站在“无我”的境地进行抒发。

其一，设计师从人性化的角度思考穿着者的身心需求，而并非拘泥于个人特色与风格的设计方式。其二，可以表现为情感表达范围的扩大化，将那些有关于社会事件、文化特征、时代记忆、地域风情等的情感化设计加入其中，不仅可以加深个体对于不同情感类型的共鸣感与亲切感，更能满足群体在当下社会中存在的需求，且是对未来穿着变化的一种启示性的思考与引导。其三，设计师本身需要站在自由、超脱的境界之上进行创作，穿着者才可以融入神往的返璞归真的服装状态，而这对于设计师本身的思想深度、文化情操也有着非常高的要求。多数人都在努力追求名利金钱，马可却达到了“奢侈的清贫”的境界。正如中野孝次所言：“清贫不是一般意义上的贫穷，而是通过自己的思想和意志的积极作用，所最终创立的简单朴实的生活形态，是对物质世界的一种主动叛离和节制物欲、追求富足精神世界的行为，它包含着最低限度的对物质的占有。”① 这种追求人格的独立与人性的发展，是需要内心变得沉静与强大后才能达到的境界，这种看似清贫朴素的服装风格虽并不能被所有人接受，但其中所包含的哲学内涵却是所有人都迷恋并敬佩的。

在未来“无设计”理念服装设计当中，设计师、穿着者、服装、环境要更加强调彼此之间的连带关系，而其中的纽带便是情感化内容的注入。不论是设计师进行换位思考，致力于实现以人为本的亲切感与体验感，还是在大的社会环境、时代背景下引起穿着者的情感共鸣，以及置身于超脱境界为穿着者营造自由感受的灵魂设计，“无我”的思想都将成为未来“无设计”理念服装设计作品更加需要进行创新与尝试、深化与提升的内容之一。同时这也在提醒着当今的服装设计师们，天赋、特色与方法技巧虽是好的设计作品中不可或缺的一部分，但对于未来的“无设计”理念服装设计师，甚至是致力于更深文化层次设计理念研究的设计师来讲，个人文化知识、思想情操与艺术修养的提升，已然成了新的要求与标准，更优秀的“无设计”理念服装设计必将来源于更具有深度与智慧的设计师本人。

（五）“无设计”理念服装设计创新应用

1. 当代服装设计中风格与灵感的创新

同其他艺术门类一样，服装设计的设计风格与设计理念都是引领作品方向、

① 中野孝次．清贫思想 [M]．邵宇达，译．北京：生活·读书·新知三联书店，1997.

展示产品特色的准则，而“设计理念”与“设计风格”之间却存在着非常大的差别。

设计理念作为设计思维的基石，不仅是时代精神的镜像，也是设计师内心世界与价值观的外化。它深深植根于设计者的个人经历、价值取向及艺术造诣，通过设计作品传递出鲜明的时代特征、深邃的文化思考及独特的艺术韵味。相比之下，设计风格则是设计师在创作实践中自然流露的艺术个性与美学追求，是设计理念指导下的视觉语言与情感表达。归根结底，设计理念与设计风格分别是产品的内在与外在，因此两者不可混为一谈，尤其是不能用一种设计风格去界定某一种设计理念，同一设计理念可以根据设计师不同的个性与爱好将产品呈现出不同的设计风格。

在当代服装设计领域，“无设计”理念以其独特的魅力独树一帜。从马可倡导的简约质朴、追求“无用之用”的哲学境界，到三宅一生倡导的服装“没有固定的形式，每个人都能穿成他想要的样子”的灵活性，再到班晓雪倡导的自然融合，力求“做自然的衣，做自然的人”的和谐之美，这些品牌与作品虽风格迥异，形式多变，但内核中均蕴含着“无”的精髓与理念。它们打破了传统设计的界限，展现了“无设计”理念下服装设计的无限可能。

“无设计”理念下的服装设计，其魅力恰在于其风格的模糊性与开放性。这种“没有特定风格”的状态，正是“无设计”理念服装设计最为本质的风格所在。它不拘泥于形式或手法的束缚，允许设计师与穿着者在精神层面、使用体验乃至外在呈现上实现多元化的“无”之探索。无论是外在形态上的简约留白，还是精神层面的超脱自由，抑或是使用方式上的灵活多变，都是对“无”理念的深刻诠释。

“无设计”理念虽源于东方哲学，其深厚的文化底蕴赋予了设计作品东方韵味，但这并不妨碍它成为跨文化的桥梁。设计师们可以跨越地域与文化的界限，融合中西美学，紧跟时代潮流，从更为广阔的文化土壤中汲取灵感，不断丰富和拓展“无设计”理念的内涵。在这一过程中，品牌的核心价值观与产品的独特语言将成为激发创新、引领潮流的重要驱动力。

如今已经完成的“无设计”理念服装给予人们的印象大多是古朴的、沉静的、内敛的，但“无设计”理念作为一个尚未完全成熟且不断发展的概念，同样可以根据不同的文化背景、灵感来源呈现出震撼的视觉效果。“无”作为一种哲学概念，“没有”只是它最初级的含义，它引申出来的“无形”“无用”“无界”“无限”“无所依”“无我”……甚至更多的理解还等待着设计师们去补充，正如“无”本身就代表着不穷不竭，“无设计”理念服装设计唯一的基准，便是用自然的方式为“无”描绘出无数种表现方式。因此“无设计”理念服装设计之初的灵感同样可以是多种多样、不受限制的，它可以是服装设计大师们从对于服装本身的态度出发得到的；它也可以来源于一种思想、一种哲学理念，并将这种理念根植于服装当中；它同样可以是一种情感甚至是一段故事，讲述一群人甚至是一代人的社会、生活经历；它还可以是一种情愫、一种感受……只要它的源点与终点以“无”为准，以豁达、超脱甚至是释然的状态存在，这个设计便可以被归纳为“无设计”理念的服装设计。

因此在“无设计”理念服装设计中，“无”代表的不仅是服装外在表现出的“减”和“简”，不仅是世界观、人生观、物质观甚至美学观上的“有无相生”，而且是它给予人广阔的“无界”的空间。“无设计”理念从不界定任何一种风格与形式，因为“无”可以有无数种表达方式。

2. 当代服装设计中款式表达的创新

“无设计”这一设计理念，虽根植于东方深厚的哲学文化土壤，却并未限定在服装表现上必须使用东方的传统风格与技法。尤其是在全球化背景下，当“民族的”理念渴望跨越界限，成为“世界的”语言时，设计师们更应展现出对多元文化的包容与融合能力，同时不失本民族的文化精髓。传统上，宽松、肥大、飘逸的衫、袍、褂等款式，常被视作“无设计”理念的标志性形态，深入人心。然而，现代设计师们正积极寻求突破，他们在捕捉当前服装流行趋势与多元风格特征的基础上，将“无设计”理念与西方主导的时尚元素相融合。这种跨界尝试不仅极大地丰富了“无设计”服装的表现形式，使之更加贴近国际时尚潮流，也成功吸引了更广泛消费群体的目光。此外，设计师们还勇于探索将“无设计”理念与当下流行的设计风格相结合的新路径，如中性风的融入。中性设计摒弃了传统性别界限的束缚，强调服装的率性、自然与和谐，这与“无设计”理念所倡导的自在、平衡不谋而合。这种设计实践不仅深化了“无设计”理念的内涵，也为不同性别的消费者提供了更多元化的选择，满足了现代人对个性与自由的追求。

值得注意的是，无论“无设计”理念在款式、外观等层面如何创新、如何融合，其核心始终在于“无”之精神的体现。外在审美的革新与优化，均是在“无设计”理念深刻理解的基础上，开展的更高层次的审美追求与思想表达。因此，设计师在创作过程中，需时刻警惕，避免陷入形式主义的误区，确保设计作品能够真正传达出“以纯粹外观映衬丰富精神思想”的核心理念，从而实现对“无设计”理念的真正诠释与传承。

3. 当代时装设计中结构设计的创新

在探讨当代服装设计的新趋势时，一个显著的特征是对个体体感自由与情感表达的深刻关怀，这促使设计师在结构设计上不仅追求时尚感，还高度重视功能性的完美融合。人性化与多样化的穿着体验，不仅让穿戴者在细微之处感受到被关怀的温暖，也深刻体现了对个性差异与自主选择的尊重。超越传统界限的设计探索，不限于衣物形态内部的革新，更拓展至“衣”与各类生活用品之间的跨界融合，这无疑是“无设计”理念在服装结构创新领域的又一重要维度。

具体而言，从经典的非常规结构线设计出发，其独特的艺术美感、个性化特征及舒适度早已为业界所熟知。而在此基础上，“一衣多穿”的概念可进一步升华至“一衣多用”，这一功能性扩展不限于衣物穿着方式的多样化，更鼓励将衣物转化为其他实用物品，如背包、围巾、帽子乃至枕头、棉被等，实现衣物在不同生活场景下的灵活转换，满足不同需求的即时响应。

以先锋设计师侯赛因·卡拉扬的作品为例，他曾在展览中创造性地将桌子和椅子设计成可穿戴的形式，虽然这一设计在日常应用上或许超前，但它深刻启发了我们对于服装功能边界的重新思考。展望未来，“无设计”理念下的服装设计，将不局限于衣物本身的形式变换，而是鼓励从服装中引申出一种更加灵活多变的穿戴与生活方式，使服装成为生活中不可或缺的多功能伴侣。

无结构设计作为另一种重要的设计手法，其历史根源可追溯至古罗马与古埃及时期的包缠式服饰。现代设计师三宅一生所倡导的“一片布”设计理念，也展示了无结构设计的独特魅力。这类设计虽在合体性上有所牺牲，却以其广泛的适用性、制作简便及高利用率著称，与当代宽衣文化的复兴不谋而合。若将此类设计与现代科技及特殊工艺相结合，无疑将赋予无结构设计新的生命力，进一步提升穿着体验，拓宽其应用场景，实现传统与现代的完美交融。

另外，无结构设计同样可以尝试进行“元素化”的处理，将“元素”进行组合，形成类似拼图的拼接方式，这样的服装不仅不存在结构，而且变化灵活可以根据穿着者不同的体态、动作呈现出不同的效果。如再将之深化做成可拆解、再组合的样式，那么服装不仅可以呈现出不同的款式，而且还可满足穿着者生长过程中的体形变化。不论是无结构整块面料的设计，还是“元素化”的打散设计，都解决了当今人们在衣物整理与储存中的困难，这样的设计不仅不占用空间，而且还不限制储存状态。除此之外，无结构服装设计通过简单且易操作的功能性设置，在最大程度上实现了穿着者与服装之间的互动，无结构代表着穿着者有更多的空间发挥自己的想象力，将服装创造出独一无二的穿着方式，通过披、挂、抽褶、堆叠、拆解、拼接等各种方式进行创作，完美地诠释了“无设计”理念服装设计中弱化设计与设计师本身、突出使用者体验的人本主义精神。

4. 当代服装设计中色彩与面料的创新

在探讨“无设计”理念下的服装设计时，色彩选择成为一个关键要素。传统上，此类服装偏好无彩色、低明度、低纯度及低饱和度的色彩组合，旨在传递出一种纯粹而自然的情感与氛围，这一理念深受道家与佛教哲学中关于简约、超脱思想的启发，意在引导穿着者心灵归于宁静与平和。然而，随着时尚潮流的变迁及多元化审美需求的兴起，对于“无设计”色彩运用提出了新的思考。在不失

“无设计”核心理念所倡导的“静”与“朴”的基础上，色彩设计可适当突破常规，融入朴素而温和的有彩色系。精心设计的色彩搭配，不仅保留了服装的基本调性，更增添了生动与活力，以满足更加广泛消费者群体的个性化需求。这一创新策略，不仅关注着色彩的直观美感，更着眼于色彩所能触发的深层次情感共鸣与审美体验。此外，探索不同染色技术与天然染料在服饰应用中的自然变化，成为色彩设计的一大亮点。这种以自然过程为导向的创新思路，不仅能够赋予服装独特的视觉新意，更强化了人与衣物之间那份不可言喻的情感纽带，满足了现代人对新鲜、独特审美体验的追求。

具体到色彩实践中，“无设计”理念服装设计虽常以大面积的无色系、本色系及灰色系打底，但在现代审美语境下，适当点缀以饱和度、明度、纯度适中的有彩色系，已成为提升设计层次感与情感表达的重要手段。例如，在素雅的灰色、黑色、白色及褐色背景上，巧妙地融入一抹鲜艳色彩，正如“万绿丛中一点红”，不仅突出了自然的生命力，更在无形中彰显了人性的真实与鲜活。这种平衡了静谧与生动的设计哲学，无疑是“无设计”理念在现代服装设计领域的一次成功探索与升华。

在染色方式的处理上，除了目前我们所熟知的扎染、蜡染可以应用在服装设计领域，当下较为流行且更加具有天然感的草木染，利用完整植物形态进行的具有肌理纹样的染色方式，以及不常见的利用自然变化、状态转化形成流水花纹的冰染等都可以成为“无设计”理念服装色彩的创新方式，包括染色之后不同天然染料在与空气接触、氧化和与人体摩擦的过程中可能产生的化学与物理变化都可成为色彩研究的另类手段，以体现人、衣、自然共同作用的成果。色彩依附的一定是服装的面料与材质，在“无设计”理念服装设计当中，最常见的天然感材质如棉、麻、丝等，以及后来伴随绿色环保、可持续发展理念不断衍生的各类天然纤维，可降解纸类等直到如今也颇受关注并常被使用。除了这些原料与材质之外，想必在自然界还有很多等待我们去挖掘、开发的材质。

5. 当代服装设计中装饰与配饰的创新

在“无设计”理念的服装设计探索中，装饰与配饰并不是必需元素，但却能如点睛之笔，显著增强服饰的审美情趣与质感。此理念下，传统手工艺的巧妙融入，传达着历史记忆、文化深度乃至地域特色，能够唤醒穿戴者内心深处对于温情、安宁、优越乃至归属的强烈共鸣。然而，要使这一古老智慧以更加贴近现代心灵的姿态，被广大消费者所接纳、感悟与赞颂，便需融合当代审美趋向与时代创新精髓，进行创造性的转化与升级。

从装饰性革新的单一维度来看，“无设计”哲学下的服装设计可汲取传统装饰材料的精髓，运用现代设计理念重构经典纹样，使之焕发新生。例如，选取自然元素作为灵感源泉，摒弃传统繁复纹样，代之以简约流畅的线条，辅以刺绣、编织等古老技艺，选用富有特色的材质作为载体，既保留手工艺的质朴温度，又赋予装饰以现代风尚。此外，融合具有地域文化特色的装饰元素与现代表现手法及材质，也是一种巧妙尝试，旨在将古老传统中的纯粹之美，转化为与现代审美无缝对接的装饰语言，让每一件作品都能触动现代人的心弦，成为连接过去与未来的桥梁。

在探讨装饰的深层价值时，装饰元素的巧妙运用不仅局限于视觉美感的提升，更能赋予服装“无中生有”的魔力。通过在服装的关键部位融入如扣、带等兼具功能性的装饰元素，不仅确保了服装的实用功能与审美功能，还通过其可调节设计，为穿着者创造了多变的穿着体验，实现了个性化与实用性的完美融合。在“无设计”理念的配饰设计中，除服装与配饰间的灵活转换设计外，还可有效利用服装制作剩余的边角料。这些边角料通过传统拼布技艺，可制作成围巾、包袋、帽子等配饰，此举不仅体现了对资源的最大化利用，契合了“无设计”理念所倡导的简约、环保精神，还促进了服装与配饰间风格的和谐统一，加深了整体造型的韵味与特色。

展望未来，“无设计”理念在服装设计领域的应用与发展，无论如何适应并融入当代服饰文化及消费市场，都应坚守其设计初衷与深层意义，避免形式化、表面化。唯有持续强化文化内涵与艺术特色的构建，方能确保“无设计”理念在服装设计领域走得长远。

三、解构主义服装设计理念

进入 21 世纪，解构主义设计思潮深度渗透至服装设计领域，引发了该领域前所未有的变革浪潮。这一哲学理念的应用，不仅革新了服装的结构设计理念，更促使服装的外观形态与穿着体验实现了质的飞跃。

（一）解构主义介绍

解构主义源自 20 世纪 60 年代的法国哲学界，由雅克·德里达正式提出。德里达对西方哲学提出了深刻的质疑与挑战，尤其针对柏拉图以后的形而上学体系进行了彻底的反思与批判。他摒弃了传统的确定性解释路径，转而倡导权利系谱学、分延与散播的理论框架，从而构建了解构主义的三大核心理念：

（1）时间的流动性：强调作品、艺术家与读者间“意义”的动态变化。作品不再是静态的客体，而是随时间流逝，在不同读者与艺术家的交互中持续生成新意的动态系统。这种视角凸显了时代变迁对意义解读的深刻影响。

（2）主观符号与经验的限制：认为意义构建受限于实验性的规则框架内，依赖于个体主观符号与经验的诠释，因此呈现出一种被动且非连续性的表达特征。德里达强调主观唯心主义的无限潜能，使意义赋予成为一个永无止境的组合游戏。

（3）存在与意义的有限性：解构主义反对逻辑中心论，指出真实“存在”的不可触及与意义的相对性，进而揭示了生命的有限本质。这一观点深刻影响了设计实践，促使设计师们摆脱传统逻辑束缚，探索更加多元与开放的设计语言。

在建筑设计领域，解构主义设计理念打破了现代主义追求简洁、规整的框架，引入交叉、偏心、倒置及旋转等手法，使设计开始具有不稳定的倾向和丰富的运动感。其实，在 2010 年上海世博会的各国场馆中可以看到很多带有解构主义风格的场馆设计。

解构主义最明显的特点是反中心、反权威、反二元比较和反黑白理论，德里达本人对建筑有非常大的兴趣。他认为，建筑的目的是控制社会不同阶层人群的对话与交往，建筑的最广义目的是控制经济。德里达认为新建筑和后现代建筑应反抗现代主义的霸权统治，应该抵制现代性的权威和现代建筑与传统建筑的二元比较。解构主义建筑的特点是没有绝对的权威，其设计是个人化、非中心化、恒定化、无预定的设计（许多解构建筑师甚至没有完整的工程图纸，只使用草图和模型进行设计，完全依靠计算机进行归纳）。

（二）解构主义在服装设计中的迁移

解构主义在建筑行业被运用的同时，也在服装行业被一批有才华的设计师用于造型设计。20 世纪 70 年代，巴黎时尚界迎来了一股来自东方的革新力量，尤以日本设计师三宅一生、川久保玲与山本耀司为杰出代表。他们深植于本国文化沃土，摒弃传统设计桎梏，勇于挑战西方既定的服装设计哲学，开创了一番新天地。

这一时期的“解体”设计理念，无论东西方、不论时代早晚，均促使设计师们构建出独树一帜的风格体系，极大丰富了服装设计维度，引领公众以多元视角领略时尚之美。近年来，设计师们将“解构主义”一词从哲学和建筑领域引入时尚界，是因为他们注意到了这种风格与传统风格的差异，以及这种风格的时尚给消费者带来的不同乐趣。解构主义风格的服装以反常规、反规则的姿态，颠覆了传统时装的结构、秩序、形态、色彩与比例规范。这些服装的设计中常见残破、缺失或模糊边界的形态，营造出一种独特的美学张力。例如，从领口探出的衣袖绕到身体上，利用明暗对比凸显隐藏线迹，这些手法使服装充满探索意趣，迅速赢得了广泛认可。熟知其中奥妙的模特儿们，穿着这些奇妙而轻松的服装在 T 形舞台上，完美诠释了设计的精髓。同时，自由主义风格的服饰赋予穿着者无限的想象与再创造空间，让人们在轻松愉悦的氛围中，体验到服装新概念带来的乐趣与惊喜，实现了个性与创意的完美融合。

由此可见，解构主义在服装设计中的表现方式是多种多样的，可以表现在款式、造型、结构、面料处理、装饰手法，甚至服装的搭配方式上。解构主义从狭义上而言是一种设计方向和设计方法，与设计师个人的设计风格没有本质的联系。解构主义风格服装的设计可以为不同的设计师所尝试，以获得不同的设计快感。服装设计中的解构一般表现在以下几个方面。

（1）解构传统服装的意义。设计师完全抛弃了服装是人穿的这一概念，将服装设计视为一件独立于设计领域的艺术作品，考虑服装本身而不是服装与人体的联系，有些服装经过解构后完全背离了传统的服装观念，只有部分服装作品还勉强能被称为服装。

（2）解构传统服装的结构。如在服装的某些部位进行非常规的改动，或在服装上实现不同形式的孔洞的重新裁剪与组合。

（3）解构图形。后现代社会是一个每个“毛孔”都充斥着图像的时代，互联网和媒体直接向公众倾注了大量的图像，这些材料被修改、缝合，然后直接用于时装设计，它们以其独特的风格，将不相关的模型进行了组合，造成了历史与时空的混乱，这些重组模型的意义在于给观者留下想象的空间。

（4）解构传统材料。使用与传统面料迥异的材料来制作服装。

（三）解构主义服装的设计方法

在解构主义服装设计的领域里，设计师不仅是技艺的驾驭者，更是思维创新与开放性的先驱。他们手握的不仅是裁刀，更是突破常规的钥匙，尤其在服装立体裁剪这一技艺上展现得淋漓尽致。

传统上，立体裁剪仅是裁剪技术的展现，但在解构主义的语境下，它蜕变成为激发创意、重塑结构的工具。解构主义服装追求的是对结构的逆向思维探索，这种对常规的颠覆，仅凭平面效果图已无法捕捉其精髓。三维空间的灵动与创意，无法在二维图纸上完全复刻，因此，在模特身上进行的立体裁剪以其无与伦比的直观性和真实感，成为解构设计不可或缺的舞台。

解构设计之旅，往往始于模糊的构想，终于惊喜的成品。这一过程中，立体裁剪如同一位无形的伙伴，不断引领设计师跨越思维的界限，捕捉那些初始阶段未曾预见的灵感火花。每一次剪裁，都是对设计的一次重塑；每一次调整，都蕴含着对美的新发现。这种设计，是对未知的勇敢探索，是创意在三维空间中的自由舞蹈。

因此，解构主义服装设计中的立体裁剪，不仅是一种技术手段，更是一种“寻找”的过程——“一种对设计的寻找”，寻找灵感的火花。设计师需怀揣预设的蓝图，在裁剪的每一次触摸中，让设计思维不断延展，让最终的成品超越最初的设想。这是一场关于设计的冒险，也是设计师内心世界的深刻映射，其乐无穷，尽在“寻找”之中。

第二章　基于图案的服装创意设计

图案与服装设计紧密相连，图案不仅能够增强服装的视觉吸引力，还能传达特定的风格和文化信息。设计师通过运用各种图案，如几何形状、抽象图形或自然元素来创造独特的服装外观。此外，图案的选择和应用也反映了时尚趋势和个人品位，成为表达创意和个性的重要手段。本章主要内容为基于图案的服装创意设计，主要从两个方面进行了阐述，分别是云纹在服装创意设计中的应用、汉字图案在服装创意设计中的应用。

第一节　云纹在服装创意设计中的应用

一、云纹的起源、历史与审美特征

（一）云纹的起源

云纹，作为华夏古典艺术之瑰宝，承载着深厚的吉祥寓意与和谐愿景，自古以来便是福瑞祥和的象征。其图案设计精妙，色彩层次由深入浅或由浅入深，宛如天际流云，层层铺展，面状扩散，赋予观者以强烈的视觉张力和装饰美感。历经五千年文明洗礼，云纹不仅是中华传统纹样的经典，更是多民族文化交融的独特见证。在不同历史时期与社会背景下，云纹展现出了丰富多彩的形态与内涵，从政治权力的象征到经济繁荣的映射，再到文化艺术的瑰宝，云纹以其多变的姿态融入社会生活的方方面面。隋唐之际，云纹如百花齐放，绚烂夺目；至清雍正朝，云纹更是成为彰显财富与奢华的艺术符号。期间，云纹吸纳了外来文化的精髓，其结构愈发繁复精细，既保留了传统韵味，又增添了异域风情。

人们对自然的敬畏和崇拜是云纹纹样诞生的契机。在原始社会，人们认为云纹代表了雷、雨雪、电等自然现象。干旱和水淹灾害都是天神对人类的惩罚，他们尊敬神，畏惧神。这种畏惧通过艺术创造为云纹图样，在崇尚龙、信仰龙的中国古代，《论衡·须颂》记载道："龙无云雨，不能参天。"①《易》亦曰"云从龙"，即云气随龙而起。不难发现，"云"与"龙"密不可分，地位显耀，云纹的发展是伴随着龙纹的发展而发展的。在等级森严的封建王朝，龙纹和云纹不仅是装饰品，同时也是地位和权力的象征。

在《鹖冠子》这一先秦道家著作中就有记载："有一而有气，有气而有意，有意而有图，有图而有名，有名而有形，有形而有事，有事而有约。约决而时生，时立而物生。"②可以这么理解，"气"是森罗万象的原本，"气"孕育了万物。这种思想在中国古代哲学史上占有非常重要的地位，关系到中国古代科学知识的各个领域。"气"身为象形文字，它的文字形象像云一样，本来的意思便是"云气"。云纹优美的曲线和复杂的结构也与中国人自古以来的思想和知识有关。

（二）云纹的历史

1. 云雷纹（商周时期）

在众多学术研究中，云雷纹被广泛视为云纹艺术最原初的形态，最早可追溯至商周。云雷纹由两大基本元素构成："云纹"，其特点在于圆形图案的连续排列与组合；"雷纹"，以独特的四角形图案连续布局为标志。这类纹样频繁装饰于当时的青铜器上，多用以衬托主纹。

2. 卷云纹（春秋战国时期）

春秋战国时期，云雷纹的结构经历了显著的"简化"与"碎片化"。艺术家

① （东汉）王充．论衡 [M]. 陈蒲清，点校．长沙：岳麓书社，1991.

② （战国）鹖冠子．鹖冠子 [M]. 北京：国家图书馆出版社，2016.

们巧妙地运用厚度、密度的变化，以及黑白、虚实的强烈对比，创造出全新的卷云纹样式。其中，卷曲状的图案尤为醒目，预示着后来卷云纹中“云头”这一标志性元素的诞生，标志着云纹艺术的一次重要转型。

3. 云气纹（秦汉时期）

汉代云纹在继承前朝卷云纹的基础上，融入鲜明的时代特色，最为显著的是“云尾”元素的引入。云尾是一种自由流畅、随心所欲的弧线形态，不仅为图案增添了力量感与速度感，还深刻体现了云纹的线性之美，营造出了一种浪漫主义的梦幻氛围。

4. 朵云纹（隋唐时期）

隋唐时代，云纹艺术迎来了新的发展阶段，将“云头”与“云尾”和谐统一的朵云纹成为主流。受外来文化影响，朵云纹展现出了多样化的风貌，其中单勾卷与双勾卷成为唐代朵云纹的典型代表，展示了文化交融下云纹艺术的创新活力。

5. 如意云纹（宋元时期）

宋元之际，如意云纹以其温婉曲折的线条赢得了广泛推崇。这一时期，云钩作为装饰元素，巧妙地点缀并突出了主题图案，如意云纹的构图既体现了统一性，又蕴含了相互结合的规律性，展现了高超的艺术设计水平。

6. 云纹（明清时期）

及至明清，云纹艺术愈发程式化，组合形式也日益丰富多样，其装饰性显著增强。明代的云纹常由相对独立的“云头”与“云尾”构成，而四合如意云作为明代云纹的杰出代表，标志着中国云纹设计迈入了一个全新的境界。明清云纹的特征在于形态上的平面展开，这一时期的纹饰类型复杂多变，充分体现了云纹艺术的高度成熟与多样化发展。勾卷云纹作为一种极具代表性的装饰元素，其独特的美学特征与构造方式尤为引人注目。这些云纹图案，以其层层叠叠、蜿蜒曲折的头部，与线条流畅、形态多变的躯干，共同构建出整体上既繁复又和谐的视觉形象。值得注意的是，在明清之际，随着东西方文化交流的日益频繁，云纹图案的创作理念也深受西方艺术风格的影响，特别是在光影处理与透视法则的运用上，进行了前所未有的创新尝试。

（三）云纹的艺术审美特征

1. 云纹的艺术美

云纹，作为中国传统文化中的标志性图案，自古便承载着丰富的象征意义，深刻体现了中华传统文化的精神内核。其流畅的艺术美、独特的造型与装饰性，在现代设计领域中被广泛借鉴与应用。

2. 云纹的韵律美

云纹的韵律美源于由蜿蜒流畅的线条构成的独特纹样。这些线条在布局中相互勾连，遵循着统一与变化、回旋与放射、协调与参照等美学原则，展现出了强烈的节奏感和平衡感，不仅赋予了图案三维的视觉冲击力，更自然流露出了内在的韵律美。

3. 云纹的曲线美

在形态上，云纹可细分为线状与平面状，这种排列方式巧妙构建了从二维至三维的视觉跃迁，赋予图案以立体感和空间感，营造出既厚重华丽又超越平面的视觉享受，实现了时间与空间的和谐统一。

4. 云纹的造型美

云纹的造型美体现在其图案设计的稀疏与密集、结构与节奏的巧妙变化上。这些变化非但未削弱整体美感，反而强化了纹饰的特定特征，使各部分相互映衬、和谐共生，从而充分展现了云纹自身所蕴含的美学价值。

二、云纹在服装创意设计中应用的原则

（一）创新性原则

设计者之所以特别重视服装设计的创新性，是因为创新是引领潮流的关键之

一。图案是服饰革新设计的重点表现要素。革新性设计旨在将传统云纹元素进行解构与重组，通过抽象化再创造的手法，孕育出焕然一新的云纹形态。同时，设计师应当聚焦于工艺技术的革新、材料的创新应用及色彩的精妙搭配，为云纹设计注入当代活力，使之既传承历史精髓，又契合时代审美需求，实现传统文化与现代审美的和谐共生。

（二）饰体性原则

在现代服饰设计中，云纹装饰的应用需精准把握它与人体形态的和谐共生关系。这要求设计师深入考量云纹装饰在服饰上的布局，以及如何最恰当地展现其形态，以契合人体比例、动态规律及装饰风格，最终呈现出既符合人体工学又具备审美价值的视觉效果。人性化的设计追求，是确保云纹装饰不仅能满足视觉上的审美享受，更能在穿着体验上达到身心的愉悦与和谐。

（三）协调性原则

在现代服装设计中融入云纹元素时，核心挑战在于如何实现云纹图案与服装整体风格的协调统一。若云纹作为局部装饰存在，其色彩选择需紧密贴合服装的主体色彩风格与整体设计走向。精准运用协调原理，能够进一步强化云纹装饰在服装中的特定美感，使整体设计更加和谐、统一。

三、云纹在服装创意设计中应用的意义

（一）丰富服装层次感

现代服装作为云纹图案的展现平台，通过多样化的设计手法与材料应用，显著提升了图案视觉效果的丰富性。一方面，精心处理主体图案与辅助云纹之间的层次关系，可以赋予装饰图案立体感和空间感，使云纹不仅作为平面图案存在，更能在视觉上产生深度变化。另一方面，采用针织、拼贴等工艺手法，能够在服

装表面创造出半立体或立体的云纹效果，如利用毛纺针织技术，在衣物上编织出具有立体感的云纹曲线，或通过不同材质的拼接组合，构建出多层次的空间结构，从而极大地丰富了服装的层次感和表现力。

为了赋予云纹纹样三维视觉冲击力，我们摒弃了传统的平面呈现方式，转而探索一种创新性的组织重构策略，旨在重塑并升华云纹的视觉表现。这种方法的核心在于通过创造性的手段打破云纹原有的二维局限，使之能够在视觉上摆脱平面，呈现出类似“浮雕”的立体效果。

（二）传达传统文化韵味

先民对自然的敬畏和对所见物体主观意识的表达是原始时期云纹出现的原因，随着历史的发展变化，云纹体现了中国人文思想的和谐、优越和韵味，是人们主观情感的升华。它在中华历史文化中流传不息，具有独特的艺术性和民族性，是传统的经典图案之一。

中国人讲究内涵，不过分注重外在。云纹既能传达自由、和谐、幸福的重要性，又能传达中国人自古以来对自然、审美、生活、伦理的看法和理解，这是传统云纹在现代设计中被频繁运用的重要原因。传统文化与现代时尚的融合，有助于提高人们的审美情趣，激发人们的情感。云纹具有不同时代的民族特色和风格，它与现代设计的有机应用不仅提高了设计师的自身修养和创作水平，突出了设计师独特的个人设计风格，还增强了人们对民族文化的信心，保留了民族文化的内在精髓，更好地弘扬了中国传统文化，使人们对中华文明的人文精神有了深刻的理解。

（三）打造个性时尚空间

在现代服装中，云纹之所以在具有传统风格的同时又展现出了时尚个性，是因为在设计过程中，设计师通过简化概括、结构重构、抽象图形等方法对传统云纹进行设计。在时代飞速发展的今天，人们对美的意识也在逐渐提高。传统的云纹，在追求个性表现、强调自己风格的现代社会中符合了现代人的时尚追求，已经成为当代最流行的服装图案之一。

在探讨服装设计的个性化表达时，云纹的应用只是其中的一个因素，衣物的面料质感同样扮演着不可或缺的角色。科技的飞速发展，为服装面料及制作工艺的革新铺设了宽广的道路，既深化了传统纹饰的艺术表达，又彰显了现代纺织科技与古老工艺之间的和谐共生，催生了服装设计领域的一股新风尚，实现了设计风格的多元化绽放。

四、云纹在服装创意设计中的应用方法

（一）直接借鉴应用

云纹以其独特的典雅韵味与深刻寓意，早已成为民族文化的瑰宝。在现代创意服装的舞台上，云纹并未被简单地复制粘贴，而是通过与造型、内涵的高度共鸣，实现了传统与现代的巧妙对话。设计师们并未止步于表面的增减调整，而是深入探索构图的重构与色彩的蜕变，赋予服装焕然一新的视觉冲击力。

1. 改变构图

在服装设计的领域中，云纹的构图不再是固定不变的模板，而是依据服装的整体风格与云纹自身的形态特征灵活调整。尽管每一次的应用都伴随着形式的变异，但云纹背后那份稳定的秩序感与和谐美，却在设计师的匠心独运下，焕发出令人惊叹的新意，满足了多样化的市场需求，实现了设计的质的飞跃。

2. 变换色彩

色彩，作为云纹传达情感的直接媒介，在传统与现代之间架起了一座桥梁。中国传统服饰的色彩偏好往往偏向明快而富有民族特色的色调，而当云纹融入现代设计语境时，色彩的边界被彻底打破。设计师们大胆引入流行色彩，赋予云纹时代的新意，创造出既具传统韵味又不失时尚感的视觉效果。此外，受西方审美

思潮的熏陶，黑白灰等中性色调的运用，为云纹设计增添了一抹现代与冷静的气息，让观者在传统与未来的交错中感受到时间的流动与沉淀。

3. 更新载体

云纹，这一蕴含中国古典美学的符号，在传统服饰如旗袍、唐装上的运用最为常见。然而，在当今服饰文化多元并存的时代，云纹的应用不再局限于这些经典款式。各类新兴服装种类，以其丰富多样的材质、款式与色彩，为云纹提供了更为广阔的展现平台。这些创新载体的出现，不仅拓宽了云纹的应用领域，更激发了设计师们的无限创意，使云纹这一古老元素在新时代焕发出勃勃生机。

（二）间接创意应用

1. 云纹的再设计

在当代服饰设计领域，设计师们没有简单地复刻传统云纹元素，而是深入挖掘其文化内涵，以创新思维、创新技术及新兴材料为基石，对云纹进行了重构与再设计，旨在赋予云纹个性化的时代韵味与美感。

2. 平面图案的空间立体化

云纹多以刺绣、绘画等工艺平面地应用于传统服饰中，其装饰性虽强，却难以突破二维的局限。现代设计则勇于突破这一桎梏，运用多样化的新材料、先进的生产技术以及色彩创新的策略，将云纹从平面推向三维空间，这不仅挑战了传统丝网印刷的边界，更促使二维平面符号向立体符号蜕变，为观者带来前所未有的视觉与触觉的双重体验。

3. 与新材料、新工艺的再结合

此外，科技的飞速进步，特别是新型面料与工艺的涌现，为云纹设计开辟了无限可能。纺织技术的革新与新型纤维的引入，不仅丰富了布料的肌理表现，也为云纹图案的立体化、多维化展现提供了技术支持。设计师们借此机会，深入研究与开发，让云纹在新材料上绽放异彩，形式更加多元，情感表达更为深刻，实现了传统与现代、技术与艺术的完美融合。

五、云纹在服装创意设计中应用的前景

在现代服装设计中，云纹元素的应用越来越受到重视。设计师们不仅将云纹的图案元素融入现代服饰，还致力于提升其创意性，通过重新设计，使云纹在现代服装中焕发新的生命力。同时，设计师们也在努力挖掘云纹背后深厚的文化内涵，通过设计来展现和传承这些文化价值。云纹的创新运用不应仅仅停留在形式上，更重要的是要传达出云纹的精神和韵味。这要求设计师既要准确把握传统文化精髓，又要洞悉现代审美趋势，并将二者巧妙融合，设计出既蕴含深厚文化底蕴又符合时代审美的现代服装，以发扬中华文化之美，复兴中华精髓之美，增强人们对传统文化的归属感和认同感，也为现代服装设计添上一笔浓重的色彩。

第二节　汉字图案在服装创意设计中的应用

一、汉字图案概述

（一）汉字图案的定义

在古代文献的研究中，学者们对汉字图案的概念仍然未有统一的定论。然而，经过对汉字图案内涵的深入研究，结合表现对象与题材的多样性，学者们基于人像、植物、动物等图案的分类，目前普遍认为“可将汉字分为风景图案和文字图案”[①]。汉字图案，这一独特的文化符号，不仅承载着文字的形意之美，更蕴含着深厚的文化底蕴与个性风采。昔日，匠人们以汉字为基，融合自然万象之美，创造出寓意吉祥的图案，一笔一画皆是对美好生活的向往与寄托。而今，汉字图案已挣脱传统束缚，跃上现代设计的舞台，其应用范围之广、寓意之深，令人叹为观止。它不再仅仅是美好愿景的载体，更是创意与想象的无限延伸。在设

① 耿广可. 图案设计 [M]. 北京：人民邮电出版社，2015.

计师的巧手下，汉字图案被赋予了新的生命，它们或化作装饰元素，点缀于生活的每一个角落；或成为独立作品，讲述着古老而又新颖的故事。汉字图案，正以它独有的方式，连接着过去与未来，展现着中华文化的博大精深与无限魅力。

（二）汉字图案的构成形式

根据构成形式的不同，汉字图案可以细分为单独图案、适合图案、连续图案三大类别。这些类别拥有各自的特征和构成原则，却基于相同的图案构成理论。

1. 单独图案

单独图案，作为复杂图案的基石，是自成一体、结构完整的图形单元。它既能独立展现魅力，也能通过重复排列，编织出丰富多彩的图案序列。在汉字图案的语境中，单独图案可能是单一汉字，也可能是多个汉字乃至汉字与图形的精妙融合。无论形态简约或繁复，其核心在于文字的完整表达与装饰艺术的和谐共生，要求结构紧凑、元素间相互呼应。在服饰设计中，由字词构成的独特纹样备受青睐，常装饰于服装前胸、后背中央，甚至前胸的左上角和右上角。其设计复杂度依服装风格而异，灵活多变。当多个字符汇聚成单一图案时，虽字符数量没有限制，但内容需保持完整、独立，结构则需严谨有序。在设计过程中，需特别关注文字布局，确保汉字的可读性与辨识度。遵循从左至右、自上而下的阅读习惯，是确保信息传递准确无误的关键。当然，适度的创新与个性化设计是允许的，但必须以不破坏文字的完整性与阅读流畅性为前提。在图案绘制时，更应严格遵循文字阅读的顺序与发音规律，以免削弱汉字作为信息载体的独特魅力。

在服装设计中，无论是礼服还是其他类型的服装，设计师们常常运用多字单独图案的创作手法。具体设计方法往往会依据服装风格的差异灵活变换，以实现最佳的表现效果。汉字与其他图案的组合，以及与其他设计模式的融合，往往呈现出对称或平衡的美感。这种平衡不仅让整个图案看起来协调且美观，还赋予了它丰富的层次感。单独图案元素的组合方式千变万化，没有固定的模式。其中，均衡式图案尤为特别，它挣脱了形式束缚，以图案核心内容为中心，其余元素则环绕其周，如同星辰拱月，上下左右均衡铺展，既稳固了图形结构，又赋予图案灵动与趣味，令人赏心悦目。

2. 适合图案

适合图案是一种具有外形限制的图案。适合图案的设计是指将图案元素按照特定形状的轮廓进行安排和设计，目的是创造出新的、具有装饰性的图案。这种设计方式强调图案与轮廓形状的和谐统一，使图案既美观又实用。

在古代汉字图案中，三大类形状被广泛运用，它们分别是几何体、自然形和人造形。几何体，如方形、圆形等，以其中心对称之美，构筑出汉字图案的坚实基底，饱满而大气，视觉效果极佳，常被用于大面积的装饰。自然形状则以植物和动物为灵感，如梅花、葫芦、海棠等形状，这些形状充满了生命的活力和自然的韵律。而人造形更是体现了人类的智慧和创造力，囊括各种器具、家具以及建筑等人工设计的形状，平衡稳定的构造透露出古人对平衡与和谐之美的无尽追求。

3. 连续图案

连续图案又可分为二方连续图案和四方连续图案。二方连续图案是由一个、两个或三个单独的图案在上下、左右方向上展开，无限制地连续重复组成汉字中的连续图案，通常是分散的、定向的。散点图案是指各单元的图案之间不相互连接，独立存在。整齐、清晰，擅长显示汉字图案的文字内容是这种图案图像的长处。但缺点是没有节奏和动作，字词之间缺乏互动，整体工整严肃。

垂直式、水平式和倾斜式是方位式的三大类别，方位式是指由不同方向的排列所产生的不同格式的二方连续图案。垂直式分为同向垂直分布排列和上、下不同方向排列。在汉字图案中，竖字向上排列，符合汉字的书写形式，有利于人们的观赏。水平式没有明确的向左或向右的方向，但在古代汉字图案中，通常是按照从右到左的顺序排列，而在现代汉字图案中则是按照从左到右的顺序排列，这取决于人们认字的阅读习惯。设计时，只需符合常识规则即可。倾斜定向排列方式受到更多年轻消费者的喜爱，在当前市场上有着相对较新的模式，是现代汉字图案的一种较新形式。它打破了传统汉字排列的刻板印象，解放了汉字只能纵横排列的形式。它的组织形式和垂直式与水平式相似，但文字的排列是倾斜的，可以是同向倾斜，可以是反向倾斜，也可以是交叉倾斜。目前，汉字图案的应用主要采用同向倾斜的方式，具有识别容易、规则感强的优点，重复的图案可以增强消费者对其内容的印象。

由一个或多个单独图案向上下左右四个方向连续排列组成的大面积装饰图案被称为四方连续图案。当前，汉字纹样的主要形式有散点纹样和条形纹样。散点纹样多采用梯形排列，有多种不均匀、复杂的变化，缓解了汉字图案过于稳定的问题，创造了韵律美。条形纹样分为条形图和网格图。条形图中有单条、竖条、斜条等，正方形、斜正方形、圆弧等则常在网格图中出现，但目前使用较多的仍为正方形。

（三）汉字图案的特征

1. 形、意结合的符号

象形文字这一古老的文字，其精髓在于以形绘意，它通过描绘事物的形状、特点等来传达词义，就像绘画般地勾勒出我们生活中的事物，使之成为具有象征性的符号。古时的汉字，生动形象，宛若自然与生活的直接映射；而今，虽历经简化与抽象，其象形之魂依旧熠熠生辉。它们不仅是交流的工具，更是文化的载体，承载着先人的智慧与情感。在汉字的世界里，每一个字都是从自然和生活提炼而来的，都是形与意的完美交融，唯有洞悉其间的微妙联系，方能深入把握汉字的本质。值得注意的是，汉字不仅能单独运用，还可以通过组合，创造出更为丰富多样的意义表达。因此，理解汉字形意结合的独特魅力，对于把握其本质、深化设计创意至关重要。设计师在探索汉字之美时，应致力于挖掘其深层的文化内涵与形式美感，通过创新设计手法，让古老的汉字焕发新的生命力。

2. 方块字的结构

由于汉字书写时的形状类似正方形，所以汉字也叫“方块字”。其构造并非随意组合，而是遵循着一种审美形式，每个字都拥有其独特的平衡感，以及一种内在的节奏感。这种节奏感是通过点、线、面的巧妙运用，依据视觉心理和规律精心构建的。在视觉上，汉字的笔画呈现出独特的细腻感。大多数汉字的纵线比横线更为纤细，从而使字的重心稳固，整体看起来轻盈而不显笨重。笔画是汉字的支柱，它们构成了文字的主心骨。这些主心骨的支线维持着文字的整体平衡，提供了稳定性。在方格的框架内，汉字的各个笔画相互融合，形成了有序的结构。这种结构不仅由汉字的形状决定，还受到其内在规律的引导。每个汉字都是基于其形状特点精心设计的，拥有独特的艺术魅力。

3. 信息传播的媒介

汉字作为信息传递的桥梁，其独特之处在于具有强烈的可读性与辨识度。每个汉字都蕴含着丰富的意义，其图案设计相较于其他图案更能够精准地传达信息。当汉字被巧妙组合成短语或段落时，它们会生成全新的、完整的意义，为信息赋予新的生命。当这些汉字被装饰在服装上时，它们便成为品牌故事、设计理念及文化底蕴的直观展现。此时，汉字图案化身为时尚界的信息使者，于设计师与消费者间搭建起沟通的桥梁，不仅加深了消费者对品牌的认知，更以直观而深刻的方式，传递着品牌独特的价值主张。

4. 中国元素的象征

文字的背后是民族与国家，汉字是中华民族的瑰宝。汉字蕴含着几千年来华夏儿女的历史、文化与智慧，汉字的图案作为装饰性的纹样，承载着中华民族的文明复兴，是中华历史的结晶。在这个多元文化融合的时代，汉字形象已经成为中国文化向世界传播的代表性元素之一。

（四）汉字图案的分类

汉字相关纹样的成分比较复杂，纹样的种类繁多。为了更好地理解和分析汉字纹样，就有对之进行清晰分类的必要。纹样的分类方法有很多种，可以按时间、空间或应用进行分类。为了更好地区分汉字的特点，可以根据汉字的文字内容进行分类，这样的分类界限清晰，不容易混淆。

以下是对汉字图案各种类型的详细分析。

1. 吉祥寓意汉字图案

在汉语中，“吉祥”一词通常被解释为好运的征兆，预示着幸福和好运。在中国传统文化中，人们喜欢用具有吉祥寓意的汉字纹样来装饰服饰和物品，以此表达对幸福生活的追求和美好愿望。这一装饰艺术，自汉代起便深植于中华服饰文化，如人们装饰织物时常用到“登高望四海”和“万事如意”等吉祥汉字图案。该时期的汉字图案主要是为了表达吉祥的含义，而不是为了追求装饰效果。随着时间的推移，唐代服饰中的汉字装饰更加丰富，这时的汉字图案中，汉字已成为主要元素，在其他图案元素的衬托下，形成独特美学，其字体从楷书等演变而来，更显灵动。到了明代，由于深受理学的影响，服饰更加注重意识的表达，吉祥汉字图案被广泛用于衣服和其他纺织品的装饰，如帽子、包装袋、扇子袋等，样式繁多，形态各异。这一时期，吉祥汉字图案的应用达到了顶峰，不仅丰富了服饰的艺术性，也体现了人们对幸福生活的渴望与追求。

2. 品牌名称汉字图案

所谓品牌名称汉字图案，是一种以商标名的汉字作为主要设计元素的装饰图案。作为商标名视觉化的艺术表达，其核心精髓在于商标名本身。这种图案设计，旨在通过视觉语言的魅力，深刻传达品牌文化的灵魂与精髓。当它被巧妙地融入服装设计时，不仅会成为一种流动的营销媒介，更赋予了服装叙事能力和文化深度。从美学维度来看，品牌名称汉字图案为服装增添了丰富的视觉层次，成为区分服装风格、彰显品牌个性的重要标识。它让普通服饰焕发品牌魅力，创造出超越物质价值的文化附加值。为确保品牌汉字图案的市场影响力与装饰美感并重，设计时需精准把握文字内容与形象的双重要素。文字需与品牌调性和谐共生，内容则需简练醒目、容易识别。尽管相较于字母图案，品牌名称汉字图案在装饰领域的运用尚属小众，但其独特的文化韵味与高效的传播效能，正逐步成为现代服装设计中不可忽视的力量。展望未来，我们将深入挖掘品牌名称汉字图案的无限潜力，以创新思维和商业智慧，推动在服装领域的广泛应用与繁荣发展，让品牌文化在每一寸布料上绽放光彩。

3. 设计主题汉字图案

设计主题汉字图案是服装设计中的一种创新表达，其核心要素为服装设计主题和相关文字内容。设计师们通常以每个季度的时装设计主题为灵感，结合多元的文本元素，创造出丰富多彩的汉字图形，并将之贯穿于整个系列。这种设计理念在品牌开发中得到了广泛应用，特别是那些以中国传统文化为背景的品牌。其中，品牌“秘扇”是一个典型案例，其设计灵感源自中国古老的传说和经典人物形象。他们不仅将这些文字元素融入整个时装系列设计，更通过独特的设计手法和视角，展现出了中国艺术的独特魅力。这些汉字图案不仅文字内容完整，而且表现形式多样，能够有效地突出设计主题，进一步拓展设计的可能性。设计师们热衷于开发这种图案，将之作为品牌的象征性特征。在“秘扇”品牌中，这种创意形式已经深深烙印在品牌的基因中，成为品牌独特的文化标识。这种设计方式不仅诠释了汉字图案在时尚设计中的重要性，更让中国文化的艺术之美得以在现代社会中焕发新的生机。

汉字图案装饰衍生产品是指如影视、动漫等非服装品牌的开发图案，通常包括公司名称、公司标志、企业标志等大量的文字内容。例如，企业为统一员工着装、完善企业形象体系或弘扬企业文化设计的非品牌服装。比如美团、饿了么等大企业都设计了自己的企业服装衍生品，在服装的显眼处印上企业名称或广告标语。当员工穿着工作服在大街小巷上下班时，他们充当着流动海报，渗透到人们的生活中，为企业实现高效的广告效果，在消费者心中形成规范、成熟的企业形象。影视、动漫等服装衍生品中的汉字图案可以与粉丝互动，吸引粉丝，满足粉丝的精神需求，提升作品的知名度，从而获得更多的商业利益。

随着品牌力的不断壮大，各类企业越来越注重服装产业的发展，创新型企业开始与服装品牌跨界合作，在这些合作中，汉字纹样的装饰已经成为跨国合作不可或缺的元素，它体现出了衍生服装的特点。例如，李宁和红旗、旺旺和

TYAKASHA、李宁和德邦的跨境服装上都可以看到汉字图案。这种跨界合作为服装中汉字图案的发展提供了新思路，也赋予了汉字图案装饰不同层次的意义。

二、汉字图案在服装创意设计中应用的视觉元素

汉字图案在服装创意设计中的应用，涉及图案布局、字体形象、装饰手法、制作工艺等视觉元素。深入分析和解读这些视觉元素，能够帮助设计师更好地将汉字图案融入现代服装设计。

（一）图案布局

1. 图案装饰的位置

汉字图案因其独特的构造和较大的占据面积，通常被设计在服装的胸部和背部位置，因为这些地方有足够的空间，可以使图案装饰手法得以充分施展；并且这些部位是服装的视觉焦点，可以凸显汉字图案的可读性与图案魅力。通过精心选择汉字的内容、风格、大小和组合，设计师可以创造出既美观又具有宣传效果的图案，使服装既实用又具有艺术性，为服装增添无限创意与表现力。胸部和背部是最常见的汉字图案装饰位置，设计时通常以单一图案为核心，布局于这两个部位的中心区域、上方或四角，这种设计方式遵循了视觉重心法则，符合人们的视觉习惯，与人们的视觉习惯相契合。这不仅是汉字的魅力展现，更是服装艺术的独特表达。

2. 图案的排列方式

汉字图案的排列方法，主要涉及图案中文字的排列顺序和形态。为了让人们更容易阅读，汉字的排列顺序通常遵循人们日常的阅读习惯，比如从左到右或者从上到下。不过，也有一些设计会选择从右到左的顺序，以此来营造一种复古的感觉。无论是何种编排方式，均需适应人们的阅读需求，这与汉字在构图艺术中的特殊价值紧密相关。

（二）字体形象

服装上汉字图案的字体形象，不仅承载着丰富的文化内涵，而且在视觉传达上也具有独特的艺术魅力。设计师们巧妙地将汉字的结构、笔画和韵味融入服装设计，使每一件带有汉字图案的服装都仿佛在讲述一个故事，传递着某种情感或信息。这些汉字图案可以是传统的书法字体，如楷书、行书、草书等，也可以是现代的印刷字体，如黑体、宋体等，还可以是自由率性的手写体。它们在服装上的应用，既保留了汉字的原始美感，又通过艺术化的处理，赋予了服装新的生命力和时尚感。

在现代服装设计中，汉字图案的字体形象往往与服装的整体风格和设计理念紧密相连，它们可以是大胆醒目的，也可以是细腻含蓄的。设计师通过对字体大小、颜色、布局的精心安排，使汉字图案与服装的面料、剪裁和色彩相得益彰，共同创造出和谐而有个性的视觉效果。此外，汉字图案还可以结合现代图形设计的元素，如将汉字与抽象图形、几何形状等相结合，创造出新颖独特的设计风格，满足不同消费者对于个性化和时尚感的追求。

（三）装饰手法

汉字图案的装饰手法是一种艺术创作方法，它通过对图案中的汉字进行美化和装饰，包括轮廓勾勒、笔画缠绕、立体构造、重叠、投影和描绘边界等，增加其视觉吸引力和艺术表现力。这些装饰手法可以增强汉字的美感，丰富其内涵，并强调其意义。其中，轮廓勾勒手法适用于任何字体，通过线条精细勾勒字体的轮廓，使字体内部留白，赋予字体轻盈之感。在此基础上，填充色彩、变换轮廓线条，如将直线化为柔美曲线，增添装饰性线条，使字体更加生动有趣，而又不失其根本形态。笔画缠绕，则是将汉字各部分以巧妙笔画相连，打破单调，增添趣味与连贯性，每一笔都蕴含着设计师的匠心独运。立体构造，借鉴绘画透视法则，通过层次与光影的巧妙结合，赋予汉字以三维空间的错觉，使其形象更为鲜明，影响力倍增。重叠手法虽与立体构造相近，却更侧重于形式的叠加，效果虽弱，也不失为一种独特的装饰手段。投影，则是利用光影效果，为汉字图案增添体积感与空间深度，光影的方向与强度，皆是设计师需精心考量的要素。最后，描绘边界，以不同色彩线条环绕汉字，不仅丰富了色彩层次，更使图案在视觉上更加突出，引人注目。总之，汉字图案装饰是一种富有创造力和想象力的艺术形式，它通过多种技巧和手法，将汉字打造成独具特色的艺术图案。

（四）制作工艺

汉字图案的制作工艺指的是将汉字元素制作成装饰图案的各种方法。这些工艺主要分为三种类型：平面式、凹凸式和立体式。它们各有优缺点，适合于不同的服装种类，前两种工艺更为常用。设计师们通过深入研究不同工艺的流程，理解现有材料与技术，为创新设计提供灵感源泉。这些工艺的探索与理解，不仅丰富了服装设计的多样性，也为传统汉字图案的现代化呈现提供了无限可能。

1. 平面式

运用平面式制作工艺制作汉字图案时，主要用到印、画、染等方式，用这种工艺制作的图案没有厚度，因而叫作“平面式”。得益于现代科技的进步，我们有了各种高级的印刷技术，包括丝网印刷、热转印、数字印刷、胶印、油墨印刷等，这些技术可以制作出效果好、效率高的复杂图案。以胶印为例，它具有良好的覆盖性，无论是在深色还是浅色服装上，都能呈现出清晰且色彩丰富的图案，且带有一定的光泽度。在市场上，汉字图案的印刷多采用胶版印刷技术。此技术因对汉字字体的完美呈现、设计效果的出色表现、图案颜色的丰富多样以及成本低廉等优势，成为批量生产的首选。相较之下，手绘虽能带来个人风格的独特体验，但因其制作周期长、不适宜大规模生产，多用于个人定制或小批量生产。

2. 凹凸式

凹凸式的制作技术包括刺绣、补丁、编织等。在我国，刺绣技术从古代开始就相当成熟，可以制作出复杂的汉字图案。但是，因为是人工绣制，所以制作周期长、人工费高，只有少数人可以享受。随着现代科学技术的发展，机器刺绣技术取代了人工刺绣。机器刺绣不仅能采用多种复杂的针法，在丝线颜色的选择和图案的丰富方面也有优势。同时，机器刺绣效率高，能满足汉字图案的大量生产。针织工艺主要体现在针织品中。由于产品的局限性和对工艺技术的高要求，其应用率不高。编织汉字图案特有的纹理感是其他技术无法替代的，如果可以不断提高技术水平，降低制作成本，编织技术可以展示更多汉字图案的效果。汉字纹样的拼缝技术是利用图案将单个绣好的汉字图案或标记转移到服装上，并通过缝制或插接的方式营造立体凹凸感，营造材质与色彩衔接的乐趣。这种技术适合品质更好的服装，与平面印花技术相比，凹凸印花更为精致。

3. 立体式

立体式制作工艺利用铆钉、珍珠、珠子等装饰材料，佐以镶嵌、黏结等手法制作所构思的图案，是上述三个工艺中最复杂的。工艺复杂，成本高，不仅花费时间，而且不适用于所有种类的衣服。但是，它的装饰效果华美、精致，能满足绝大部分高档品牌服装的需求。目前，汉字图案服装中立体式工艺的运用非常少。

三、汉字图案在服装创意设计中的创新应用

（一）图案布局的创新探索

传统的图案布局往往强调文字内容的清晰度和易读性，通常通过将大面积的元素放在显眼的位置来实现。这种做法主要基于文字识别性的考虑。然而，从视觉感受的角度来看，这种传统布局可能显得过于单调，限制了设计的创意和思维的多样性。因此，现代设计师需要思考如何表现汉字图案的视觉印象，改变其传统的表现方式，更多地注重汉字图案的表象性和装饰性，以创造出更具现代感和创意性的设计作品。

1. 条形几何排列布局

条形几何布局是一种创新的汉字图案布局手法，它通过将汉字以不同的几何方式排列组合，形成具有规律性的图案。这些图案可以是正方形或矩形格子形状，通过汉字的横向、纵向排列以及重复使用，创造出四种不同的纹样。纹样中单位纹的大小、宽度和长度会受到字体大小和视觉效果的影响。如果字体和图案设计过于复杂，可能会导致图案内容的突出性减弱；而当字体较大且图像简洁时，图案内容虽清晰，但几何图形图像的表现力可能稍显不足。每种布局方法都有其独特的美学价值和设计重点。

2. 巧用空间制造留白

留白，不仅是一种中国画的构图技巧，更是一种表达意境与形象的艺术手法。它以别具一格的方式，将画面中的意境表现得淋漓尽致，塑造出超凡脱俗的形象。留白的艺术理念与现代消费者追求简约审美的心理不谋而合，仿佛在艺术与生活哲学之间搭建了一座桥梁。哲学的艺术形式为汉字图案注入了新的灵感源泉。在以前的服饰汉字装饰中，繁复之美曾是人们的追求。然而，在快节奏的现代生活中，人们同样追求简洁明快的亮点和创新的思维。留白不仅满足了消费者的精神需求，更是设计师们深思熟虑的产物。设计师们将图案与空白巧妙融合，在平衡中创造视觉的层次与深度，每一块留白与图案都承载着各自独特的价值。若忽视其中任何一部分，都将打破这份和谐，分散视觉注意力。因此，设计师需精准把握图案与留白的对比与节奏，在虚无之中蕴含无限创意，让观者在简洁中领略到深远的意境。

（二）字体形象的创意设计

在设计汉字图案时，字体形象也很重要。若字体形象过于刻板，缺乏视觉冲击力，无疑会削弱其传播价值。所以，在服装设计中，设计师们需深入探究设计主题与内容，以寻找更佳的字体表达方式。这不仅是关于形式美的问题，更是关于如何通过独特的字体形式传递设计理念和装饰效果的问题。我们可以借鉴视觉传达设计中的文字创作理念，将之与服装设计的要求相融合，创造出更具创意的汉字字体。如此一来，不仅丰富了服装的视觉效果，也使汉字的魅力在服装设计中得到更充分的展现。

1. 字体设计创意的规则

（1）易于识别

汉字的形状和结构在几千年的发展中形成了自身的特色，易于识别是区分汉字与其他字体的重要因素。因此，在设计字体形象时，我们不能简单地追逐字体形象的视觉效果而忽视其原有的功能。

（2）调性统一

字体形象的创意设计多采用变换字形的方式，所以在设计的时候必须注意统一汉字的调性。特别是多字的情况下，普通汉字的风格无论怎么变化，都只会出现一个字的变形。多个字的话，调性就需要平衡。汉字的字体构造也各不相同，有的笔画多，有的笔画少。选择设计方法时，必须考虑哪个方法的变化在图案中更适合。在变形的同时，必须注意单一字的表现和所有字的整体表现。这样在统一调整时，就能保留下各个字的独特特征，同时把握好整体和局部的平衡。

（3）形意相符

汉字是象形文字。它们是人们在客观世界中观察事物、用简单的线条描述事物的一种共同的认识体系。每一种特定的形式都有自己的“意义”，同一“意义”可以拥有一种或多种形式，这种“形式”直接影响着“意义”的表达。因此，在改变字体印象的时候，必须“以意为先，以形为辅”，更何况汉字的“意”更能给设计师带来灵感，我们不能偏离汉字的内在含义，随意创造。

（4）视觉美感

字体形象的创意设计原本的目的是使图案更加丰富，使图案变得引人注目、更有感染力。熟练运用形式美的设计法则，使字体造型具有视觉美感，才能进行创意设计，进而不断地感染消费者。

2. 字体创意设计的方法

（1）笔画

在对汉字图案的字体进行创意设计时，改变笔画的形态是一个很好的切入点。在书法中，汉字笔画的变化可以通过改变线条形状、宽度、长度，省略部分线条，共用线条，以及线条合成等方式来实现。在创意设计中，设计师可以利用这些变化来增强视觉效果，使线条的形状更加清晰和富有表现力。线条的粗细变化需要遵循一定的规律，如主线与其他轮廓线的粗细对比，横竖线、上下线、左右线的精细差异。长度的变化可以是整体统一，也可以是局部夸大，以凸显特色。整体上，线条的长度与宽度之比需要保持平衡。在细节处理上，可以通过夸张某些部分来获得特定的字体形式。

（2）结构

在对汉字图案的字体形象进行创意设计时，设计师还可以通过改变字体的结构，采用打散、压缩、扩张、调整重心等手法，塑造出别具一格的字体形象。这些变化不仅打破了传统标准字体的框架，更带来了戏剧性的视觉冲击。然而，所有的改变必须在保持字体创意设计原则的前提下进行，否则汉字将失去其独特的文化内涵与意义。

（3）外轮廓

作为汉字的别称，"方块字"这一称呼形象地表现了汉字的外形特征——方正规范。然而，在汉字图案设计的创意舞台上，汉字的外形不再拘泥于传统的方框。依据设计美学，只要保留其辨识功能，汉字的轮廓便可以自由蜕变，引领视觉新风尚。清朝时期，皇室贵族就爱以圆形"寿"字点缀衣饰，既保留了字的本意，又赋予其圆润和谐之美。而今，汉字字体的外围形状不仅限于圆形，扁形、矩形、三角形乃至菱形，皆是字形的创新形态。每一次变形，都是对汉字内涵、形态与结构的深刻洞察与巧妙融合。设计师们匠心独运，让汉字在保持其文化精髓的同时，绽放出更加多彩的艺术魅力。

（三）装饰手法的创新变化

1. 以字成画

在汉字图案的创新设计中，可以运用“以字成画”的装饰手法。以字成画是一种被广泛应用于装饰画之中的艺术手法，这种技法与传统的点、线、面装饰画不同，它以汉字作为绘画的基本元素。每个汉字犹如一个独特的点，当多个汉字排列组合，便形成了一幅由汉字点、线交织而成的画面。这种艺术手法可细分为三大类：其一，汉字线条被巧妙地用作描绘事物轮廓的工具，构建出完整而生动的形象。其二，汉字整体被用作装饰元素，为画作增添丰富的视觉效果。其三，通过对汉字进行稀疏、光影和立体感的处理，来再现真实事物。其中第三种手法最具挑战性，它要求设计师精准地规划字体大小、疏密、深度和重叠等元素，以实现预期的艺术效果。这种手法不仅考验创作者的技巧，更考验他们对艺术美感的独特理解和追求。

2. 笔画替代

在中国古代，笔画替代作为一种装饰技巧广受欢迎，尤其在艺术创作中大放异彩。例如始于东汉、盛于唐代的飞白书法，以龙、凤、花、鸟、竹等生动的动植物形象来替代汉字笔画，为文字注入了生动活泼的艺术美感，并寄寓了人们对美好事物的向往。到了明清时期，装饰符号同样采用线条替代的方式，进一步凸显了汉字的装饰特性，并将图案与文字巧妙融合，创造出了生动而有趣的汉字艺术。然而，就目前来看，此手法在服装设计领域却未能得到充分发展，需要设计师进一步挖掘和探索其艺术价值。

（四）制作工艺的传承发展

1. 传统工艺的继承

刺绣工艺是一种古老的艺术形式，也是制作汉字图案的重要方式。它以精细的手工技艺和突出的艺术表现著称，承载着深厚的文化底蕴与艺术价值。在古代，刺绣全靠手工完成，精细的汉字图案需耗费大量时间和高昂的人工成本，因此难以实现规模化生产。幸运的是，随着现代科技的进步，机器刺绣技术应运而生，为这一古老艺术注入了新的活力。这不仅使刺绣工艺得以传承，还让更多的人能够享受这一艺术形式带来的美好。

2. 新材料和工艺的运用

在汉字图案的创作过程中，采用一些具备科技感和未来感的新型材料，如闪耀的镜面 PU 材料、炫目的幻彩激光 TPU 材料以及透亮的 PVC 材料等，能够为图案增添前卫的视觉冲击效果。在应用时，汉字图案不仅能与其他材质融合，还能直接印于织物之上，为整体设计增添装饰效果。局部拼贴技巧更显独特，而印刷法因快速便捷，已成为目前汉字图案设计中常用的一种方式。

第三章　基于面料的服装创意设计

在服装设计领域，面料是设计的基础元素，它不仅是用来制作服装的材料，更是设计师表达创意和理念的重要工具。面料的质地、纹理和色彩等特性对服装的外观和风格有着显著的影响。随着设计理念的不断进步，设计师们越来越注重对面料进行个性化加工和改造，以此来增强服装的独特性和艺术性。面料设计与服装设计，二者相互成就。设计师们需要对面料有深刻的理解，将其特性巧妙地融入创作中，以实现完美的设计效果。本章主要内容为基于面料的服装创意设计，主要从三个方面进行了阐述，分别是服装面料概述、服装面料创意设计技法、面料设计在服装创意设计中的应用。

第一节　服装面料概述

一、服装面料的分类

（一）按照材料分类

1. 棉布

棉布是一种常见的纺织材料，它具有许多优点，比如：重量轻、保暖效果好，穿着时舒适柔软；具有良好的透气性和吸湿性能，这意味着它可以吸收湿气，保持干爽；染色性能良好，易上色；不易被碱性物质腐蚀。此外，棉布还具有抗虫蛀的特性，不易被虫子咬坏。然而，棉制品也有一些缺点，例如容易褪色，特别是在洗涤时，颜色可能会变淡。棉制品对酸性物质的耐受性较差，容易受到损害。此外，棉布的弹性较差，容易出现褶皱，长时间存放或不当保管还可能发霉和缩水。另外，棉制品可能不如其他合成纤维那样美观。

2. 麻布

麻布，顾名思义，是一种由麻类植物的纤维制成的布料。它在所有天然纤维面料中硬度最高。其吸湿性能优异，导热与透气性俱佳，因此穿着时感觉凉爽且不会紧贴身体。然而，麻布也有其不足之处，如穿着舒适度有待提高，外观看起来比较粗糙和生硬，容易掉色，而且颜色和图案的种类相对较少。

3. 丝绸

丝绸是一种以蚕丝为原料制成的纺织品。丝绸具有良好的吸湿性，质地轻薄，给人以飘逸和滑爽的感觉，同时透气性也很好。此外，丝绸的染色性能优良，可以制作出颜色鲜艳、光泽亮丽的服饰，给人一种高贵典雅的感觉。不过，丝绸也有一些缺点，比如容易产生褶皱，穿久了可能会贴在身上，颜色容易褪去，而且耐热和耐晒性能较差，这需要我们在生产与使用过程中不断探索和改进。

4. 呢绒

呢绒，作为各类羊毛、羊绒织物的统称，具有诸多优良特性。其吸湿性能优越，穿着时能有效避免潮湿感，质地柔软且舒适度高；坚韧耐用，防皱耐磨，使用周期较长；手感细腻，色泽艳丽，光泽自然，弹性优良；挺括，富有弹性，保暖性能好；颜色多样且具有良好的耐水性，不易褪色。然而，呢绒也存在一些缺点，如洗涤难度较大，不太适合用作夏季服装的材料，等等。

5. 化纤面料

化纤面料是一种由高分子化合物合成的纺织材料，可以根据原料来源的不同分为两大类：人造纤维和合成纤维。化纤面料质地柔软，具有良好的挺括性，其触感冰凉滑爽，色彩表现力强，能够达到鲜艳夺目的效果。然而，化纤面料在吸湿性、透气性方面存在不足，容易产生静电，这些都是在使用过程中需要注意和改进的问题。

6. 皮革

皮革是制作衣服、鞋帽等物品的常用材料，分为天然皮革和人造皮革两大类。天然皮革主要分为革皮和裘皮两种。革皮是经过去毛处理的皮革，而裘皮则不需去毛。天然皮革因其大气、华贵的外观和保暖舒适性而受到欢迎，但价格昂贵，且需要特别的护理和储存条件。人造皮革在外观上与天然皮革相似，穿着舒适，具有多种实用功能，如保暖、吸湿透气、防蛀等，且价格相对便宜，易于护理。

（二）按照材料特性分类

1. 柔软型面料

柔软型面料较为轻薄，悬垂感较好，主要包括针织面料、丝绸面料以及软薄的棉、纱面料等。

2. 挺括型面料

挺括型面料线条感很好，因此有丰满服装轮廓的作用。常用的挺括型面料包括灯芯绒、棉布、麻、涤棉以及各种中厚型的毛料和化纤织物等。

3. 光泽型面料

光泽型面料的缎纹结构使其表面光滑，能产生偏华丽的视觉效果。

4. 厚实型面料

厚实型面料具有挺括、稳定的造型功能，比如各类呢绒。

5. 透明型面料

透明型面料因质地轻薄、通透而具有性感的视觉体验，又因其飘逸性而显得神秘，如蕾丝、乔其纱等。

6. 绒毛型面料

绒毛型面料表面起绒或有细毛，具有保暖效果。

服装材料质感各异，在造型风格上也各有特点，会对服装形态产生一定的影响。合理地运用面料不仅能表现设计师的艺术设计能力，更能体现其专业技术水平。

二、服装面料的选择

在服装设计领域，精确选取适宜的面料是至关重要的环节。不同材质的面料具有各自独特的属性，这直接关系到服装美学的实现。为了确保服装设计成功，设计师必须全面掌握各种面料的性能特点。在面料选择过程中，应严格遵循“5W1H”原则，即深入分析穿着者（Who）、穿着目的（Why）、穿着时间（When）、穿着场合（Where）以及成本与价格（How much），从而科学选择适宜的面料种类（What）。同时，面料的选择还应兼顾时尚趋势和品牌定位等因素，既要遵循客观规律，又要展现出创新性。

（一）服装面料选择的依据

1. 根据穿衣者选择面料

在选择服装面料时，应考虑穿着者的个人喜好、体形特征、肤色以及职业等因素。这样选择的目的是在展现穿着者独特气质的同时，有效地修饰和遮掩其体形不足。例如，对于体形偏胖的人而言，选择面料时需避免过于厚重和轻薄。过厚面料会加重其臃肿感，而过于轻薄则易暴露其丰满的体形。因此，应选择适中厚度的面料，以塑造出流畅的线条，同时掩盖体形上的小缺陷。这样选择既符合审美要求，又兼顾了穿着的舒适度。

2. 根据服装款式和搭配选择面料

在选择服装面料时，还要充分考虑服装的款式与色彩，因为服装的美学价值正是通过色彩、款式、面料这三大要素的和谐统一而得以体现。

3. 根据环境和季节选择面料

在服装设计中，面料还需要根据不同的生活环境、工作环境以及季节变化来选择。例如，舞台装需要考虑到舞台上的灯光和视觉效果，泳装则需要考虑到在水中的耐用性和舒适性，礼服需要在正式场合中展现穿着者的优雅和庄重，而职业装则需要在办公室等正式工作环境中穿着。因此职业装更适宜选择毛织面料，如华达呢与哔叽，展现出专业与干练。而礼服则更适合选择丝绸与绸缎，其光泽与细腻质感相得益彰。此外，随着四季更替，衣物的选材也随之变化。炎炎夏日，人们偏爱轻薄透气的麻棉面料，以抵御闷热；而寒冷的冬季，厚实保暖的毛呢成为首选，为身体提供温暖。这种选材既体现了实用功能，又融入了艺术审美。

（二）服装面料的选用原则

在选择服装面料时，必须综合考量其特性，并结合服装的类别进行科学匹配，以确保实现最佳的穿着效果。服装面料的具体选用原则如表 3-1-1 所示。

表 3-1-1　各类服装的选料原则

类别	场合	选料原则	选用面料
礼服（男）	舞会、晚宴	庄重、考究	毛呢、华达呢
礼服（女）	舞会、晚宴	华丽、高贵	绸缎、丝绒、乔其纱等
正装	商务活动	高档、高雅、深沉	高档呢绒、丝绒、锦缎等
休闲装	日常休闲	舒适、耐磨	纯棉、涤棉等
职业装	工作	价廉物美	涤棉、涤毛、化纤面料等
大衣	工作	厚实、保暖、挡风	华达呢、哔叽、羊绒等
衬衣	工作、休闲	吸汗、易洗、抗皱	棉、涤棉等
内衣	内穿	透气、舒适	纯棉、莫代尔等针织面料
T 恤	日常休闲	舒适、透气、柔软	棉、麻、涤棉等
毛衣	日常	保暖、透气、有弹性	羊毛、驼毛、马海毛等
家居服	家里	方便、实惠	全棉、漆棉、人造布等
工作装	工作	牢固、耐磨	涤纶、涤棉等
防护服	工作	保护性	阻燃、防辐射等功能型面料
运动装	运动	轻便、透气、吸湿	纯棉、棉氨等
泳装	海滩、泳池	贴身、透气	尼龙、氨纶针织面料

三、服装面料的质感

在服装设计领域，各类服装面料因厚度、重量及轻盈程度不同，呈现出不同的质感特性。深入理解和精准把握每一种面料的质感，对于服装设计工作至关重要。

（一）冷暖感

服装面料的冷暖感是指人们通过触摸面料的表面，以及观察服装的整体外观，获得的温度和舒适度的综合体验。这种感觉既有生理上的实际温度感受，还涉及视觉和触觉上的心理感受。面料的冷暖感受到多种因素的影响，包括面料的图案、质地、硬度、颜色以及织物的紧密程度等。值得注意的是，同种面料在不同的情境下可以展现出不同的冷暖感，例如，缎类面料以其冷艳高贵的特性，常用于晚礼服的设计；而软缎则因其光泽柔和、温柔亮丽，呈现出一种温暖的质感。

（二）轻重感

在很多情况下，服装面料的轻重感更倾向于一种视觉感受。不同的面料给人的轻重感是不同的，例如雪纺和丝绸常给人飘逸之感，而羊毛和呢子则呈现出厚重的质感。值得注意的是，面料的轻重感不是绝对的，在经过设计、加工后可能会发生变化。即使是厚重的面料，通过简洁的造型、光滑的表面处理和色彩的运用，也能产生轻快的效果；相反，轻薄的面料通过堆叠、重复、褶皱等设计手段也能呈现出厚重的感觉。此外，色彩的明度和面料表面的肌理也会影响轻重感，明度高的颜色看起来轻，明度低的颜色看起来重；光滑的肌理给人轻的感觉，粗糙的肌理给人重的感觉。在设计中，设计师可以巧妙运用对比与融合，依赖面料本身的特性，通过创意手法，如堆叠、褶皱等，赋予服装多变的轻重层次，让设计作品充满趣味与深度。

（三）硬柔感

服装面料各具特性，既有硬挺面料，也有柔软面料。服装面料的硬柔感是由多种因素决定的，包括面料的材质、织法、密度以及整理工艺等。硬挺的面料如亚麻、毛料和化纤，往往给人冷和重的感觉；而柔软的面料如丝绸、针织布，则给人暖和薄的感觉。此外，面料的颜色也会影响其硬柔感，明度和纯度高的颜色让人感觉更硬，而明度和纯度低的颜色则让人感觉更软。在服装设计中，设计师可以将不同质感的面料结合起来使用，以创造视觉和触觉上的对比效果。

值得一提的是，在服装设计过程中，面料所呈现的冷暖、轻重、硬柔等属性，并不是一成不变的，而是能够相互转化的，并可以通过巧妙的对比，达到和谐统一的美学效果。

四、服装面料的功能

（一）舒适安全功能

服装面料的舒适性能是指服装在穿着时与周围环境之间进行能量交换的能力，这种交换达到平衡时，人们穿着服装就会感到舒适。环境因素如温度、湿度、气流和辐射等都会影响到服装的舒适度。服装的生理舒适性主要受面料的吸湿性、透气性、保暖性、柔软性、伸缩性、重量和化学性质等因素影响。同时，心理舒适同样不容忽视，它受色彩的搭配、款式的选择、光泽度、抗皱性、挺括性以及与环境的协调性等因素影响。此外，服装的安全性能也是至关重要的，它要求面料具备保温、防火、防水、防污、防寒等多重功能，这些功能都与面料的选择和制作工艺息息相关。因此，舒适安全功能是服装面料的首要功能。

（二）活动适应功能

在进行服装设计时需要考虑到人体在活动时的需求，服装应当具备一定的伸缩性和变形能力，以便适应人体运动时的变化。服装的活动适应性能主要取决于面料的弹性和变形能力，比如拉伸、压缩、弯曲和剪切等。随着技术的进步，现在有很多新型的弹力面料被开发出来，这些面料更容易拉伸和变形，能够更好地满足人体运动的需求。此外，随着人们对运动和健身活动的重视，市场上出现了很多融合运动功能和时尚设计的服装，满足了现代人对服装的双重需求。

（三）装饰功能

服装承载着诸多社会功能，如展现阶级差异、彰显优越感、显示身份等。设计师们巧妙地在传统服饰上融入绗缝、刺绣等工艺，利用磷粉轧压、镀膜技术增添现代光泽，金色与古铜色的运用，更添一抹奢华与未来感，让人感受到青春与时尚的碰撞。

近年来，“多元化对立”的审美潮流风靡服装设计领域，服装设计中常见性感与古典交织，浪漫与运动并存。面料领域也不例外，粗糙与细腻、常规与异形、哑光与亮光的对比，以及紧实与疏松结构的巧妙结合，不仅丰富了服装的层次感，更让装饰效果呈现出前所未有的多元化与个性化，具有很强的视觉冲击力，满足了不同消费者的审美需求。

第二节　服装面料创意设计技法

服装面料的美感不仅体现在色彩和图案上，还体现在面料的质地和触感上。这种质地和触感，通常被称为“肌理”，能够给人以不同的心理和感官体验，比如柔软或坚硬、轻盈或沉重、粗糙或光滑。肌理的视觉效果不仅让面料形态更加生动多样，更展现出一种动态的、富有创造力的表现主义审美。设计师巧妙运用面料的肌理，可以准确地表达自己的设计理念。在设计过程中，面料的创意不仅是工艺技术的运用，更是现代造型理念与设计愿景的深度融合。在此过程中，设计师可以巧妙运用重复、韵律、对比、平衡等美学法则，营造出令人愉悦的视觉效果。

面料创意设计的技法多种多样，包括加法设计、减法设计、变形设计以及综合设计等，每一种技法都能让面料焕发出独特的魅力。

一、加法设计

作为服装面料创意设计领域中应用最普遍的技巧，加法设计的核心在于通过增加而非减少原材料的方式，实现设计的创新。设计师们常采用一种或多种材质，在原有面料的基础上进行叠加、组合、拼接，创作出层次分明、立体感强、富有节奏感和创意的面料作品。通过工艺手段包括排列、堆积、粘贴、补缀、挂饰和刺绣等，使面料呈现出和谐且富有创意的视觉效果。

（一）线饰

线饰是加法设计中的一种装饰技艺，通过在基础布料上用明线进行有规律或无规律的装饰来实现。这种技艺通过使用不同粗细、颜色和质地的线，呈现出各种各样的艺术效果。在服装设计中运用线饰，可赋予服装动态美感，为服装增添多元视觉魅力。

（二）绳饰

绳饰是加法设计中的另一种装饰技艺，通过运用不同质地、色彩和形状的绳子在基础布料上进行装饰，赋予了服装独特的美学价值。绳饰材料的通常比线饰用的材料要粗，但又比带饰用的材料要细，恰到好处地体现了材料选择的科学性和艺术性。将绳饰巧妙融入服装设计之中，不仅能够凸显服装的结构之美，而且能够丰富服装的表达形式，增添细节之美，从而提升整体设计的层次感和艺术感。

（三）毡艺

羊毛是一种天然纤维，它具有独特的物理特性：当遇到热水时，羊毛会收缩；在受到外力挤压时，羊毛会黏结在一起，形成坚固且厚重的毛毡。正是基于羊毛的这一特性，产生了服装面料加法设计中的另一重要手段——毡艺，即通过精细的碾压或密集的针戳技术，赋予羊毛多样的造型表现。传统的毛毡工艺与彩色绣花相结合，就形成了游牧民族特有的毡绣艺术，展现了民族文化的独特魅力。在服装设计领域，羊毛毡的应用体现了自然与情感的和谐交融。羊毛纤维的质感，为人们带来如诗如画的视觉享受。

（四）带饰

带饰，即在基础布料上巧妙地添加花边、丝带等带状装饰物，是服装设计领域中一门重要的装饰艺术。在服装设计中应用带饰，能够增加衣物的动态美感和视觉吸引力。近年来，在众多时装展示会上，设计师们运用飘带、抽绳等元素创作的作品屡见不鲜。带饰设计风格多变，无论是优雅还是运动风格，都能为服装带来新颖的创意，令人眼前一亮。

（五）叠加

在服装面料的加法设计中，叠加是一种重要的技艺。这一技艺通过将一种或多种材料以重复和交错的方式组合在一起，来创造出丰富而立体的视觉效果。特别是在不透明面料上，设计师需精准把握画面构成的微妙平衡。由于面料的遮盖性，它们之间的对比关系成为创作的核心。即便是材质相近、色彩相仿，通过改变它们的面积大小、形状或排列顺序，也能创造出视觉上的对比，叠加的关键在于寻求各种元素的和谐统一。透叠法则在面料设计中展现出独特的魅力。由于面料的透明性，内层的图案或颜色会隐约可见，为作品增添了一种朦胧的美感。在服装设计中，为凸显局部特色，可以通过局部的面料再造设计来增强这部分面料与整件服装其他部分面料之间的对比性，使服装更有层次感和设计感。

（六）堆饰

堆饰，即将一种或多种材料通过堆积或集中装饰的方式应用于特定部位，从而赋予鲜明的形式美感和立体效果。在服装设计领域，堆饰的运用能够显著提升服装的立体造型感，进一步丰富服装的层次表达，展现出服装设计的精湛技艺和深厚内涵。

（七）绗缝

绗缝，是一种将多层材料按照直线或装饰图案缝制的技术，其目的在于稳固内外层的关系并提升美观性和实用性。这种技艺常采用手针或现代机器操作。在进行服装面料加法设计时，运用绗缝不用拘泥于传统方法，可以尝试多种方法，如叠加多层材料，利用绗缝的线条作为装饰元素，或者仅进行缝合而不夹棉等。绗缝作品的特点在于其厚实的质地和强大的保暖性能，同时其外观简约大方，典雅而不失时尚感。在服装设计中，绗缝使服装既简单又高雅，为服装增添了独特的魅力。

二、减法设计

减法设计是服装面料创意设计中的一种方法，它通过破坏面料的原始状态来创造出独特的视觉和触觉效果。破坏手段具体包括剪切、撕扯、镂空、烧花、抽丝、拉毛边等。这样做可以减轻面料的重量，让面料显得更加柔软和轻盈，同时产生一种不完整、无规律或破烂的美感。减法设计不仅是一种物理上的破坏，它还是一种艺术创造，设计师根据自己的设计构思来选择破坏的方式和程度，以此来创造具有新意且层次丰富的面料效果。

（一）剪切、撕扯

通过剪切、撕扯等创新手法，将材料重塑为全新形态，是减法设计技艺的精湛展现。其中，剪切技艺以规则或不规则的剪裁方式，赋予了服装造型简洁且别致的魅力。剪裁不仅能形成局部与整体之间的对比，也为我们提供了广阔的想象空间。在运用剪切法时，我们充分利用材料的弹性、悬垂与韧性，直接进行剪切操作，从而产生出规整或不规则的分割效果。而撕扯，则是对软质材料如面料、纸张、布料等的艺术破坏，通过强力拉伸，留下自然裂痕，营造粗犷或质朴之美。撕扯需把握分寸，避免过度与杂乱，以保持自然韵味。在服装设计中，剪切与撕扯的巧妙融合，不仅丰富了服装的视觉层次，更为服装增添了多样性的触感，让每一件作品都独具魅力。

（二）烧烫

面料烧烫是一种充满创新性的艺术探索，它以随意性和偶然性为特点，为设计师们提供了无限可能。在探索过程中，可以选取不同的化纤面料，观察燃烧后的效果，以此为灵感进行设计；还可以尝试各种高温破坏手法，进一步拓宽设计的边界。

烧烫过程中，可以采用各种手法如线香、蜡烛、熨烫等，使面料表面形成大小、形状各异的破口。这些破口，在巧手的装饰下，使面料更具有个性和艺术感。

烧烫操作虽然简单，但其结果却往往充满惊喜，让每一件作品都成为不可复制的艺术品，引领着时尚界的新风尚。

（三）抽纱

抽纱是一种特殊的纺织工艺，指在制作服装面料时会根据事先设计好的图案来选择性地抽出一些不需要的经纱或纬纱。在抽掉这些纱线之后，剩下的纱线会以特定的方式固定，比如扎紧、缠绕、编织或缝合。经过这样的处理，面料上就会形成一种透明或半透明的图案，这些图案叫作透视图案。运用抽纱这一技艺，需要精选适宜的平纹面料，如棉布、亚麻与牛仔布，它们的质朴纹理为抽纱提供了无限可能。

抽纱分为直线抽纱和格子抽纱两大技法，前者仅对经线或纬线进行单向抽取，后者同时对经线和纬线进行双向抽取。在设计时，需依据面料特性与纱线粗细选取抽纱方法。抽纱之后，面料边缘呈现出毛边效果，这些未经刻意雕琢的毛边，或整齐排列，或随意卷曲，与主体面料虚实相映，展现出一种独特的韵味与层次。

而今，抽纱艺术不仅保留了传统工艺的精髓，更融入了现代审美。设计师们或让毛边自然裸露，彰显不羁个性；或巧妙处理，使之卷曲有致，增添一抹灵动。抽纱织物因此拥有了更加丰富的艺术表现力与穿着体验，它轻盈透气，又不失细腻与雅致，成为时尚界的一道亮丽风景线。

（四）镂刻、打孔

镂刻艺术是一种独特的设计方式，指使用工具在面料或服装上创造精致的图案。设计师们运用镂空技巧，在皮革和某些机织面料上创造出各种透视效果，这种“破坏性”的设计不仅赋予了面料和服装更多的层次和内容，更增添了视觉上的吸引力。

镂空的形式变化多端，其中全透露设计让面料展现出其内在的魅力；半透露设计则巧妙地把纱料覆盖在反面，营造出若隐若现的效果；而不透露则采用不透明或不同花色的面料覆盖，为设计增添了丰富的视觉元素。

打孔是镂刻艺术中不可或缺的一环，需要用到铳子和锤子。首先，在面料上精确标出打孔的位置，然后稳稳地将铳子扎入，确保固定不动。接着，用锤子准确地击打铳子中心，力度需逐渐加强，根据皮具的厚度和锤子的重量决定击打的次数，直至完成精确的打孔。这样的打孔过程不仅考验设计师的能力，更展现了他们对美的追求和创新的勇气。

三、变形设计

变形设计，即通过传统手工技艺或平缝机等设备对多种面料进行变形加工，包括堆积、抽褶、层叠、凹凸、褶裥等手法，从而创造出立体或浮雕般的质感效果。

（一）抽褶

抽褶工艺是一种传统的手工装饰手法。抽褶也称缩褶，在一些介绍装饰工艺技法的书上又称面料浮雕造型，它赋予服装丰富的造型变化。其做法是，按一定的规律把平整的面料整体或局部进行手针钉缝，再将线抽缩起来，整理后面料表面会形成一种有规律的立体褶皱。服装抽褶具有功能性和装饰性的效果，广泛运用于上衣、裙子、袖子等服装部件的设计中。

抽褶能把服装面料较长较宽的部分缩短或减小，使服装更加舒适美观，同时还能展现面料悬垂性、飘逸感、秩序感的特点，既使服装舒适合体，又能增加装饰效果，因而被大量应用于半宽松和宽松的女式服装设计中。

（二）褶裥

褶裥是将面料折叠并以一定的间隔缉缝，使折痕竖起产生立体效果的设计。在服装设计中，面料打褶的位置不同会产生不同的视觉效果。

（三）扎结

扎结是将面料经过拧、扎、结等变形处理，改变其原有形态。在服装设计中，运用扎结可以创造出独特的视觉效果。

（四）钩、编

钩、编是运用各种各样的纤维进行钩编的工艺。钩、编工艺指采用面料或不同纤维制成的线、绳、带、花边等通过编织、钩织等各种手法，形成疏密、交错、宽窄、连续、平滑、凹凸、对比等外观变化。

编织是将经、纬纱线穿插、交叉、掩压形成网状平面，如传统的草席、竹篮、地毯就是采用了编织技法。在传统手工编织的基础上，可采用疏密对比、穿插掩压、粗细对比等手法，形成凹凸、起伏、隐现、虚实的浮雕艺术效果。

四、综合设计

在服装设计领域，面料创新不仅是服装实用性能的飞跃，更是审美体验的革新。而面料再造艺术犹如魔法，以其独特的概念与设计原则，为面料创新插上翅膀。综合法，作为面料再造的关键手段，涉及加法、减法以及变形法中的多种再造技巧。这些手法被有目的、有主次地运用于面料再造设计中，突出了面料的独特之处。同时，根据形式美法则进行再造设计，可以使面料展现出丰富的肌理效果。

在面料形态的综合处理中，设计师们常常采用多种加工手段和表现手法。例如，抽纱与叠加、破损与珠绣、剪切与镂空等多种技法被巧妙地结合在一起，创造出别具一格的视觉效果。这种灵活运用综合设计表现方法的方式，使面料的表现更加丰富，赋予了服装独特的个性和魅力。

当运用综合法时，设计师们通常会结合具体的主题设计。以“悦·融”为例，设计师融合多种技法与材料，将牛仔面料这种包容性很强的材料与其他多种服饰或非服饰的材料相结合，从而表达出“悦”和“融”这两个主题的不同内涵。

此外，传统与创新技法的融合，为面料再造开辟了新途径。涂层实验，是指将不同材料涂覆于面料之上，创造出前所未有的表面效果。虽多用于展示与启发，却为设计师提供了无限的灵感。

总的来说，面料再造的艺术之旅，是对设计师创意与技艺的双重考验。选择何种材料、运用何种技法、如何巧妙结合以达到意想不到的效果，都是设计师在探索中不断追寻的答案。在这条充满挑战与机遇的道路上，每一次尝试都是对美的重新定义与升华。

第三节　面料设计在服装创意设计中的应用

作为服装整体的基础，面料不仅决定了服装的风格，而且在各个感官层面上为受众提供了独特的体验。面料的创意设计为面料本身带来了更多的可能性。设计师的设计思维不再受到面料材质和形式的限制，通过面料的二次创造和加工，实现了最优化的、最符合受众需求的服装设计。服装面料的创意设计应用通常分为局部应用和整体应用两种方式。

一、面料设计在服装局部的应用

在服装设计领域，局部面料的创意设计往往是点睛之笔，能迅速彰显出整体服饰的设计特色和风格。这种设计手法能在第一时间抓住观者的目光，将他们的注意力牢牢锁定在服装上，并使他们的目光自然地跟随设计师的创意路线游走。

在服装的边缘部位，如门襟、领口、袖口、裤脚口、裤侧缝、下摆和肩线等地方，运用创意面料设计是一种极为常见的做法。这些地方的面料设计如同艺术的点缀，通常以线型褶皱或连续的纹样等形式出现，为服装增添了别样的风采。这些设计不仅突出了服装的整体风格，更让观者的视觉体验得到了极大的提升。

而服装中心区域的面料创意设计，则更加触动观赏者的心灵。在胸部、腰部、腹部及背部等视觉焦点区域，创意面料的应用如同舞台上的聚光灯，延长了观者的凝视时间，减缓了视觉的流转速度。这种服装的吸引力远远超过基础款式，让人们在欣赏的同时，也能感受到设计师的独特创意。

面料创意设计的局部运用，常以点与线的形式呈现，它们如同画笔在画布上轻触，虽微小却意义深远。当这些设计元素以点的形态散落于服装之上，其大小、形状及位置的变化，无不编织出独特的视觉效果，激发不同的心理感受。圆形与方形的点，营造出稳重与踏实的氛围；而多边形与不规则图形，则彰显出个性与不羁。

点的位置在整体服装布局中同样扮演着重要角色。低位的点赋予服装沉稳与庄重的气质，视觉重心自然下沉；高位的点顺应视觉的自然流动，营造出流畅与自然的线条感；中位的点呈现出平衡与和谐之感，使人的视线得以在服装上自由铺展；而位于黄金分割线上的点，更是巧妙地修饰了人的身材比例，拉长了腿部线条，展现出身姿的优雅。

点的应用还可细分为单点与分散点应用。单点设计，如在服装中心设计一朵精致花卉作为装饰，其余部分则留白，这样可以形成鲜明的视觉对比，凸显出设计的独特魅力。而分散点设计，则使肩部与对角腰线上的花卉装饰物相互呼应，这样既保持了服装的个性特色，又实现了整体的协调统一，展现出一种平衡美。

线，作为点动态运动的轨迹，蕴含了位置、长度、宽度、方向、形态与性格等多维属性。线的表现形态千变万化，既可具象又可抽象，或弯曲或笔直，或刚劲或柔和，或实或虚，或粗或细，或深或浅，每一根线都承载着独特的视觉情感。

利用点的线化原理，设计师能在面料上编织出创意的线形图案。设计师通过点元素的巧妙布局，如门襟、衣摆及袖口的点状装饰，勾勒出流畅的线条，赋予服装以动态美感与视觉连贯性。

在线型创意设计中，直线与曲线各具特色。直线家族中，平行线营造宁静和谐之感，水平线强化平衡稳重之态，垂直线则赋予服装挺拔之势，斜线则以其不羁之姿，彰显个性与时尚感。例如，水平线在单色面料上的巧妙穿插，不仅丰富了服装的色彩层次，更提升了服装的雅致氛围；而垂直线的运用，则让服装在稳重中不失力量感，廓形更加鲜明；至于斜线，它如同破晓的第一缕光线，为服装注入不羁的灵魂，引领潮流风尚。曲线在面料创意设计中的运用会使整体服装更加灵动、有韵味。

总的来说，面料创意设计在服装上的局部应用正是利用了点和线的聚焦性来体现服装的个性，造成视觉冲击。这种手法既强化了受众对于服装的审美体验，同时也增强了服装本身的艺术效果。

二、面料设计在服装整体上的应用

服装造型的精髓，在于不同面料间的巧妙融合与拼接，这一过程中，面料创意设计扮演着至关重要的角色，其核心在于如何在二维的平面上展现三维的视觉效果。这一艺术实践，需要运用几种尤为显著的呈现策略。

首先涉及的是独立点向面转化的艺术。试想一款蝴蝶结造型的抹胸，它本身是作为一个精致的点设计存在的，但当这个点的尺寸跨越一定界限，便自然而然地演化为一面，这便是独立点面化的巧妙之处。它带来的视觉冲击力，远非微型点状装饰所能比拟，以一种更为饱满、强烈的姿态，吸引着观者的视线。

其次，是密集点状布局面化的效果。这种手法是指在服装表面设计大面积的点状图案或装饰元素，来构建整体的视觉印象。例如，设计师可以在服装的不同部位以等距离排列不同大小的圆形图案来营造出一种俏皮可爱的视觉效果，特别是大圆点装饰于主体，小圆点则点缀于侧面面料之上，这种充满层次感的设计，让服装的每一个细节都充满了故事。值得注意的是，这些点的排列并非随意为之，而是经过精心设计的，通过形状与色彩的巧妙搭配，确保服装风格和谐统一、层次分明。

最后，以线成面的手法在面料设计中也很普遍。直线、曲线等这些简单的线条，在设计师的巧手下，能够编织出千变万化的图案与纹理。无论是水平线、垂直线还是混合线，通过改变线条的粗细、密集程度以及色彩，都能创造出独特的视觉效果。例如，垂直线能够有效拉长视觉身高；而采用粗重且密集的线条，可以凸显腰部曲线，与胸部形成鲜明对比。混合线的交叉排列，为面料增添了丰富的质感与层次感。相较于直线的硬朗，曲线则更显柔美与多变。曲线型褶皱的广泛应用，不仅优化了身体曲线，更赋予了服装温婉柔和的气质。而两种对比鲜明的色彩，以曲线形式交替出现，遍布整件服装，更能在视觉上拉长腿部线条，强调身体的优雅轮廓。

面料创意设计在服装中的应用，无论是局部还是整体，都旨在提升服装的设计感与艺术价值。局部设计往往彰显设计师的个性与创意，而整体设计则更加注重统一与和谐。这要求设计师具备高超的技艺与敏锐的审美，能够灵活运用各种设计元素，避免单调与重复，创造出既有实用性又有艺术性的服饰。

第四章　基于传统工艺的服装创意设计

本章主要内容为基于传统工艺的服装创意设计，主要从三个方面进行了阐述，分别是刺绣工艺在服装创意设计中的应用、扎染工艺在服装创意设计中的应用、其他工艺在服装创意设计中的应用。

第一节　刺绣工艺在服装创意设计中的应用

一、刺绣介绍

刺绣，这一璀璨夺目的中华民族传统工艺瑰宝，自古以来便以其独特的艺术魅力在中华大地上绽放出绚丽的光彩。它不仅是一种技艺，更是历史文化的传承与民族精神的寄托。在加工好的织物上，利用针和绣线等工具，刺绣者巧手翻飞，将各式各样的图案与斑斓的色彩，生动地展现了出来。

随着时代的变迁、科技的飞速发展，刺绣艺术也迎来了前所未有的变革。电脑刺绣技术以其高效、精准的特点，极大地加快刺绣的生产过程，使这一传统工艺得到更广泛的传播与应用。然而，尽管机械化、数字化的生产方式为刺绣带来了诸多便利，但手工刺绣所独有的温情与灵魂，却是任何机器刺绣都无法替代的。手工刺绣的精髓在于其针法灵活多变，每一针每一线都蕴含着刺绣者的心血与情感。刺绣者通过不同的针法组合，展现出作品独特的空间感与层次感，这是机器无法做到的。

刺绣工艺，依据其制作方式的不同，大致可分为三类：手工刺绣、缝纫机绣与电子控制机绣。其中，手工刺绣以其独特的艺术价值与装饰效果，成为刺绣领域中的佼佼者。手工刺绣者不仅能够根据服饰及织物的不同材质与风格，灵活调整绣制方案，更能在细节之处展现出自己高超的技艺与独特审美。无论是细腻入微的图案描绘，还是色彩斑斓的线条勾勒，手工刺绣都能将之展现得淋漓尽致，让人叹为观止。

从地域文化的角度来看，中国的刺绣艺术更是丰富多彩、各具特色。湘绣细腻雅致、蜀绣明快鲜艳、苏绣精致细腻、粤绣富丽堂皇……每一种刺绣都承载着当地深厚的历史文化底蕴与独特的民族风情。此外，按民族特色分类，刺绣更是种类繁多，如苗绣粗犷豪放、藏绣神秘古朴、白族挑花绣清新脱俗等，它们共同构成了中国刺绣艺术的绚丽画卷。

追溯刺绣的历史渊源，我们不难发现其深厚的文化底蕴。早在五千年前的新石器时代晚期，中国的先民们就已经开始尝试在衣物上绣制简单的图案以作装饰。随着历史的发展，刺绣工艺逐渐成熟并形成了独特的艺术风格。从周代的简单粗糙到战国的渐趋工致，再到汉代的艺术之美，刺绣工艺在不断发展与创新中，逐渐成为中华传统文化的重要组成部分。

在古代社会，刺绣不仅是一种装饰手段，更是一种身份与地位的象征。在封建社会中，刺绣服饰成为统治阶级维护其统治地位、彰显其高贵身份的重要工具。同时，刺绣艺术也广泛应用于民间生活之中，成为人们表达情感、寄托愿望的重要载体。无论是宫廷中的华丽服饰还是民间百姓的朴素衣裳，都可见到刺绣的身影。

进入现代社会以来，刺绣艺术依然保持着其旺盛的生命力。它不仅在服饰领域继续发挥着重要作用，更在家居装饰、艺术品创作等领域展现出新的活力。同时，随着国际交流的日益频繁，中国刺绣艺术也逐渐走向世界舞台，成为连接不同文化与民族之间的桥梁与纽带。

时至今日，当我们再次审视这一古老而又充满活力的传统工艺时，不禁为它所蕴含的文化内涵与艺术魅力所折服。刺绣不仅是中国传统文化的重要组成部分，更是中华民族智慧的结晶与创造力的体现。在未来的日子里，我们有理由相信，这一美好的、固有的、能代表传统文化的刺绣技艺，将继续在时代的洪流中熠熠生辉，绽放出更加绚丽的光彩。

二、刺绣技法

（一）平针绣

平针绣是一种基础而传统的刺绣技法，它非常简单且应用广泛。这种绣法的特色是绣线从花纹轮廓一边起针，一直拉到轮廓的另一边落针。根据绣线行进的方向，平针绣可以细分为竖直方向的“竖平”、横向的“横平”以及斜向的“斜平”。在使用平针绣进行创作时，要求每一针都保持平直、整齐、均匀且流畅，这样绣制出来的图案看起来非常规整、饱满和精致，具有很强的艺术美感。

（二）镂空绣

镂空绣，也叫雕孔绣或蕾丝绣，是一种特殊的刺绣方法，需要极高的技艺，每一针都需以平针方式紧密围绕图形图案进行刺绣，在布料上形成清新通透的孔洞，制作出具有镂空效果的图案。这种绣法通常用在轻薄的全棉平纹布或精细的纱织物上，能够为服装带来一种精致、生动和具有空间感的视觉效果。此外，利用传统的抽纱工艺也可以制作出镂空绣的效果，使绣品更显独特魅力。

（三）珠绣

珠绣，是一种传统的刺绣技艺，指将珠子、亮片等装饰性材料，通过巧妙的手法绣到织物上。这种技艺在中国有着悠久的历史，最早可以追溯到唐朝，到明清时期达到了顶峰。该工艺以璀璨夺目、华丽典雅著称，色彩搭配明快和谐，光线折射下更显浮雕之美。现代珠绣艺术不仅融合了时尚潮流的欧美浪漫风格，更蕴含了东方文化深邃的民族魅力，展现了中华传统工艺的独特韵味和时代精神。

（四）浮雕绣

浮雕绣是一种特殊的刺绣技术，能够创作出具有立体感的图案。这种刺绣方法不同于普通的平面刺绣，它通过在绣品下方添加填充物或者采用特殊的刺绣技巧，让绣出的图案看起来像是从布面上浮出来一样，具有三维空间的立体效果。浮雕绣可以用来装饰衣物等各种布艺品，为它们增添了独特的艺术魅力。

（五）盘花绣

盘花绣技艺，汲取了传统盘扣技法的精华，将布料裁剪为条状并盘绕成特定图案，再以手工缝制的方式完成。该工艺能够展现出力量感、精致度以及浮雕般的立体美感，因此在礼服制作中得到了广泛的应用。

（六）补花绣

补花绣，是我国传统刺绣艺术中的一种重要技法，其历史悠久，可追溯至唐代的堆绫与贴绢工艺。补花绣是指将面料依循图案设计要求裁剪成形，继而精心缝缀于基布之上，形成丰富多彩的图案。补花绣的独特魅力在于它能够展现一种类似浅浮雕的立体感，为服饰增添了别具一格的韵味。

（七）缎带绣

缎带绣是一种使用丝带作为材料的刺绣技艺。这种刺绣方式通常会将丝带折叠、收褶或抽成碎褶，然后固定在织物上。丝带本身所具有的柔和光泽，在绣制过程中赋予作品深邃的层次感和丰富的阴影效果。加之重叠手法的巧妙运用，使得绣品呈现出立体的质感，达到了其他刺绣方法难以企及的艺术效果。这种工艺的运用，为服饰增添了独特的趣味性和装饰性，彰显了我国传统手工艺的精湛与创新精神。

三、传统刺绣在服装创意设计中的应用

（一）刺绣图案的创新设计

1. 与现代元素的融合设计

首先，服装设计师应在了解与研究当前时尚趋势与审美观念的前提下，找到传统刺绣图案与现代元素融合的方向与目标，创造出符合现代审美需求的刺绣图案。其次，服装设计师应选择合适的现代元素进行融合，可以从现代艺术建筑、自然元素、现代技术与材料等方面寻找设计灵感，将之与传统刺绣图案进行融合与创新，使刺绣图案更具时尚感。例如，原创蜀绣服装品牌“糸肃 MISU”将全世界兼具市场潜力与艺术韵味的文化元素融入蜀绣服装刺绣，形成主图，并设计图案故事背景，灵活应用蜀绣中别具一格的绣画结合技术，将刺绣图案与绘画、印染等技术结合起来，让服装上的蜀绣图案更加形象立体、更有美感与时尚感。

2. 刺绣图案的拆分与重组

刺绣图案的拆分与重组是刺绣图案在服装设计中创新应用的主要途径，可以有效提高传统刺绣在服装中的时尚感，打破传统刺绣图案的固有形态，以全新的视角和组合方式展现图案的美感与时尚魅力。首先，在拆分的图案中，设计师需要提取传统刺绣图案元素，如花卉、动物、几何形状等，这些元素是构成图案的基础，也是创新设计的灵感来源。服装设计师要对提取的元素进行解构分析，研究其形状、线条特点，掌握图案的内在结构与美感，为后续刺绣图案的重组提供依据。其次，在刺绣图案的重组中，设计师可以尝试不同组合方式，如拼接、重叠、交错等，创造出新颖的视觉效果。例如，夏姿・陈的新年棉袄设计将牡丹花图案拆分成小朵花瓣，并与如意祥云图案组合排列，通过中式写意的疏朗构图风格凸显中式服装的美学特色，并以苏绣工艺展现，让刺绣图案在服装设计中呈现新意。

（二）刺绣色彩的合理搭配

一是刺绣色彩选择应具有时代感。传统刺绣色彩的选择与当时的社会文化、审美观念以及制作技术密切相关，主要为红色、金色、黄色、蓝色等鲜艳明亮的色彩。现代服装设计应根据当前的审美趋势与市场需求对传统刺绣色彩进行调整，如饱和度、明亮度等方面的调整，并结合现代时尚色彩，创造出新颖、富有个性化特色的色彩搭配，增添色彩的时代感。二是色彩的创新搭配。传统刺绣色彩通常遵循固定的搭配规则，现代服装设计可以打破这些规则，尝试新的色彩搭配方式，例如将传统刺绣中红、黄、蓝等经典色彩与洋红、雾霾蓝、香芋紫、铜绿等现代流行色彩结合起来，创造出独特的视觉效果。三是色彩的对比与调和。传统刺绣色彩通常利用强烈对比与调和手段增强图案的层次感与美感，现代服装设计也可以借鉴这些色彩运用手法，增强服装色彩的时尚感。设计师可以大胆使用色彩对比，增强服装的视觉冲击力，如在黑色衣服上大量使用金黄色、大红色或亮绿色等对比强烈的刺绣色彩，营造出强烈的视觉对比效果。在调和色彩的过程中，渐变色是现代时尚元素之一，设计师可以将刺绣色彩的渐变搭配应用于服装设计中，增强图案的立体感与动态效果，例如可以将刺绣色彩中的红色渐变为粉红色、洋红色等，呈现出更多层次，营造柔和的视觉效果。古驰 2017 早秋系列服装设计将刺绣色彩蓝色、绿色、金色与现代时尚色彩玫红色、淡粉色等对比色应用于飞碟刺绣图案中，产生了强烈的视觉对比效果。四是金属色的合理应用。传统刺绣通常使用金、银等金属色，呈现高贵、华丽的质感。在服装设计中，设计师可以利用金属线或印花技术打印具有金属质感的刺绣图案，让服装兼具传统韵味和现代时尚感。

（三）刺绣工艺的创新应用

1. 手绣与机绣结合

传统刺绣工艺以手工为主，虽然工艺精湛，但是效率低，难以满足服装制作要求。因此，可以通过手绣与机绣相结合的方式呈现刺绣工艺的独特魅力。设计师可以在了解两种刺绣工艺特点与优势的基础上，将二者巧妙结合，不仅要展现出手绣丰富的层次感，还要展现出机绣制作效率高与能绣制复杂图案的优势。此外，设计师可以在考虑服装整体风格与设计意图的基础上，将手绣工艺应用于需要突出细节和手工感的部分，如衣领、袖口、裙摆等部位；机绣可以用于大面积图案的绣制，如后背、裙身等部位。手绣与机绣的合理搭配可以让服装整体风格更加和谐统一。

2. 传统刺绣工艺的创新

传统刺绣工艺包含丰富多样的技法，如平绣、锁绣、打籽绣等，服装设计师可以对传统刺绣工艺进行创新应用以达到独特且具有时尚感的刺绣效果，例如通过镂空刺绣、立体刺绣等方式，增强服装设计的时尚感与立体感。同时，设计师可以采用贴布绣的方式，立体化呈现刺绣图案，让服装更具时尚感。另外，传统刺绣工艺可以与新工艺、新技术融合应用。在服装设计中，设计师通常将传统刺绣工艺与西方时尚元素、新工艺、新技术相结合，确保服饰呈现出中西结合的时尚美。例如，绣匠新中式旗袍高定服装品牌主要采用蜀绣工艺，将东方美学文化与西方时尚艺术相结合，在文化传承与创新之间形成绣匠旗袍独特的品牌风格。在 2022 成都时装周展示的服饰中，蜀绣针法与绣线在青竹色真丝上的转换搭配呈现出的青城瑶台仙境，搭配西方立领元素与鱼尾裙元素，实现蜀绣与西方时尚元素的融合创新。

（四）刺绣材质的创新应用

挖掘新型刺绣材质并对其进行创新应用是促进传统刺绣在服装设计中实现时尚化表达的主要途径。一是采用毛线、绳带材料刺绣。在服装设计中，设计师可以用毛线与绳带等材料替代传统的真丝刺绣材料，确保刺绣材料能在服装设计中得到创新应用，这样做不仅可以丰富传统刺绣材料，还可以让服装设计更加多元化，弥补传统刺绣材料应用的局限性。例如，在香奈儿 2019 春夏服装设计中，毛线刺绣材料被用于服装的衣领、袖口和裙摆等部位，为服装增添了独特的魅力与时尚感。二是合理使用合成纤维、金属线等新材料。新型纤维材料与金属材料具有优异的性能与多样化的外观，可以为刺绣提供更多材料选择。其中，合成纤维材料具有特殊光泽与质感，在服装设计中使用这些刺绣材料可以增强服装设计质感与光泽。三是环保材料的应用。在绿色环保理念下，服装设计师可以使用有机棉、再生聚酯纤维等环保材料进行刺绣，这样做不仅符合时尚趋势，还可以践行绿色环保理念，让服装设计更有内涵与时尚感。四是智能功能材料的应用。随着智能科技的发展，智能功能材料在刺绣中得到了创新应用，将之融入服装设计可以增添服装的科技感与时尚感。智能功能材料具备特殊功能，如光感变色、温度调节等，不仅增加了服装设计的实用性，还增强了其观赏性与趣味性。

第二节　扎染工艺在服装创意设计中的应用

一、扎染介绍

扎染，古称“绞缬”，可追溯至中国秦汉时期，是中华文化的瑰宝之一。考古学家在新疆于来克古城遗址中发现了最早的扎染实物——西凉时期的“红色绞缬绢”和“绛色绞缬绢”。扎染，以传统染料为媒，借助线、绳等工具，通过精妙的捆扎手法，实现染色效果，使织物在染色后呈现出独特的色底。这一技艺，起初或许只是偶然的尝试，之后逐渐演变成了一种审美装饰的典范。早期的扎染作品，往往带有随意而质朴的美感，图案与色彩交织，流露出原始的韵味。随着技艺的精进，匠人们开始将自然之美、民族图腾等元素融入扎染之中，通过复杂的工艺手法，展现出更强的艺术表现力和民族精神。龙纹、鱼纹、动植物纹等吉祥图案，与几何图形交相辉映，不仅具有装饰效果，更蕴含了深厚的文化内涵和祈福之意。

“Plangi（绑）”和“Tritik（缝）”是马来西亚语中扎染的意思，同时也是国际正式的扎染用词，这是因为扎染最早是马来西亚人使用的一个专用名词，后来，越来越多的欧洲专业人士也开始认同这个叫法，他们把这个名词理解为五颜六色或预留斑点图案的染色织物。

“Bandhana”（来自单词 band，即捆扎的意思），在印度以及印度尼西亚，人们习惯上这么称呼类似的面料。

“Tie and Die”是英语系国家对扎染的称呼，在英语中，所有扎染技法被统称为“Tie and Die”，意为先捆绑后染色。

“しぼりこみ（shibori）”，在日本，人们把扎染制作工艺和完工后的织物都叫作（shibori），意思是“捆扎”或“打结”。日本一直以民族工匠作为国家的精神文化的传承，政府和民间组织都建立专门的机构进行扎染艺术的创作并且在世界范围内进行巡展，同时通过各种书籍和杂志来宣传扎染艺术，使世界各地的人们了解到更多的扎染艺术，因此日本扎染艺术久负盛名，“shibori”逐渐成为国际上通用的扎染专业词汇，也成为代表各种扎染技术的专用名词。

进入 20 世纪中后期，扎染艺术迎来了新的发展阶段。现代扎染在继承传统技艺的基础上，融入了现代审美与创意，形成了独特的艺术风格。扎染不仅是手工技法的创新体现，更是实用与审美并重的典范。现代扎染作品既保留了传统扎染的韵味与精髓，又融入了时尚元素与个性化设计，成为现代生活中一道亮丽的风景线。

可以说，扎染艺术是工艺与美学的完美融合。它以生活为源泉，以织物为载体，通过独特的染色技艺和图案设计，彰显了劳动人民的智慧、品德与创造力。扎染作品不仅具有实用功能，更承载着丰富的文化内涵和情感表达，是将功能性、实用性与审美价值完美融合的民间工艺美术瑰宝。

二、传统扎染的艺术特征

（一）传统扎染的色彩特征

传统扎染以其独特的色彩，承载着历史与文化。古法浸染技艺，虽耗时费力，却赋予了扎染色彩以古朴而纯粹的美感。在世界各地，扎染的色彩虽因地域而异，但多以单色或简洁的色调为主，彰显着一种质朴无华的美。

对于印度扎染来说，红色和黄色是主要的色彩基调。其中，拉贾斯坦的扎染面料多以棕黑色为底，其上以红色图案凸显，展现出浓郁的民族特色和深厚的文化底蕴。而北部地区及孟买的扎染，则以红色为底，黄色与黑色交织其间，宛如夕阳下的沙漠，既温暖又神秘。

东渡至日本，扎染艺术又展现出另一番风貌。京都派扎染，源自中国，其扎染面料以丝织品为主，色彩斑斓，精细而高贵，宛如宫廷中的艺术品。而尾州的有松·鸣海扎染，则偏爱蓝白二色，清新脱俗，给人以宁静致远的感受。

非洲大陆，扎染艺术同样丰富多彩。马里、阿尔及利亚、摩洛哥等地，粗犷的圈纹在黑色底布上蔓延，黄色与红色的花纹如同烈日下的火焰，热烈而奔放。西非地区，从毛里塔尼亚到喀麦隆、刚果、尼日利亚，扎染制品以其精湛的工艺和独特的蓝染色彩著称，成为当地文化的重要组成部分。在摩洛哥的婚礼上，扎染腰带上有红色或红色外圈围绕的深紫色图案，成为新人身上最亮丽的风景线。

在东南亚的马来西亚、泰国、巴基斯坦等地，蓝色是扎染艺术的主色调，它如同大海般深邃，又似天空般辽阔，给人无限的遐想。

在中国，传统扎染更是源远流长，色彩风格独具特色。一类是蓝白色调的扎染，以靛蓝为主，常见于少数民族的传统纹样中。云南大理的白族扎染被誉为我国扎染艺术的瑰宝。白族人民以家庭为单位，世代传承着扎染技艺，他们使用板蓝根等天然染料，通过多次浸染和氧化还原反应，使蓝色呈现出深浅不一的丰富层次。近年来，为迎合旅游市场的需求，白族扎染在色彩上不断创新，红白、紫白、绿白等多种色彩搭配，让扎染作品更加绚丽多彩。湘西地区的苗族、土家族扎染，与云南白族扎染在色彩上有着异曲同工之妙，同样以蓝底白花为主，但湘西扎染多了一种独特的针扎工艺。这种工艺使扎染制品在色彩对比上虽不如白族扎染那般强烈，却有几分层次感和细腻感，为扎染作品增添了更多的艺术韵味。湘西凤凰古城的扎染大师吴花花，便是这一技艺的杰出代表，她的扎染艺术品深受人们喜爱。另一类则是流传于民间的扎染艺术，与少数民族地区的扎染相比，它更加浓烈、绚丽。四川自贡的扎染，便是这种风格的典型代表。历史上称为“蜀缬”的四川扎染，以其多次套色的技艺和鲜艳的色彩效果闻名遐迩。在自贡、荣县等地，扎染艺术已成为当地文化的重要组成部分，它不仅是一种手工艺，更是一种文化的传承和延续。

（二）传统扎染的图案特征

1. 国外扎染的图案特征

扎染艺术遍布全球，除了澳大利亚以及部分位于太平洋上的岛屿之外，几乎每个地方都有扎染的踪迹。这项技艺因操作简单、图案质朴原始，自然而然地融入了世界各地民族的文化之中，逐渐演变出各具地域风情的扎染艺术。技艺的交流与融合，更促使扎染的独特技法在不同国家间传播，相互影响。

印度扎染以其悠久的历史和丰富的图案著称，印度女性的装束以扎染为主，无论是色彩艳丽的服装还是精美的扎染头巾，都展现了印度扎染的独特魅力。其中，“班哈尼绞”的小圈纹与“曲线绞”的波浪纹尤为经典。此外，“伊卡特”这一先染后织的技艺，更具神秘韵味。

印度尼西亚的扎染则以小圆形纹和棕榈叶心图案著称，图案层次丰富，少有具象描绘，展现出独特的抽象美感。

非洲的扎染艺术，源自西非，拥有千年历史，其图案以几何图腾为主，色彩对比鲜明，展现出与东方截然不同的粗犷与装饰性，令人叹为观止。

日本的扎染艺术因工艺精湛与不断创新而备受推崇，得到国家层面的保护。京都派扎染以其贵族气质、精美图案与考究工艺闻名；而有松派扎染则更贴近平民生活，图案质朴，透露出浓郁的民间风情。

2. 中国扎染的图案特征

（1）中国扎染图案的历史特征

隋唐时期是中国历史上经济繁荣和社会稳定的时期，这一时期的扎染和印染工艺达到了世界先进水平。具体体现为：扎染图案不再只有简单的圈和点，而是出现了更为复杂的样式，如形似小鹿皮毛斑点的“鹿胎缬”，状若鱼子的“鱼子缬”，模仿狗脚印的“狗脚花”，等等。这些图案样式不仅更为美观，而且是饱含情感的艺术符号。此外，青碧缬、三套缬、七宝纹、四瓣花罗等，皆是那个时代的瑰宝。这些图案极具特色，完美地展现了当时的扎染工艺。

到了宋朝，节俭之风盛行，扎染艺术逐渐式微，一些独特技法失传，但整体工艺和设计水平仍有提升。及至明代，纺织业的飞跃引领印染步入机械化新纪元。进入清代，随着化学染料逐渐从西方引入，扎染图案更加多样化。辛亥革命后，社会变迁促使扎染步入批量生产的新时代，传统工艺与现代技术交织，绽放出更加璀璨的光芒。这一系列的变化与进步，不仅展示了中国扎染工艺的历史演变，也见证了中华民族文化的繁荣与昌盛。

（2）中国扎染图案的民族地域特征

在中国这片辽阔的土地上，多民族的融合孕育了独特的文化包容性，这一特性在扎染艺术的多元化发展中得到了淋漓尽致的展现。尤其自清代以来，随着各民族聚居地扎染技艺的普遍精进，扎染图案不仅是色彩的堆砌，更是成为一种装饰艺术，深刻反映着各民族的历史、文化风貌及生活习俗。

云南以精湛的缝扎技艺闻名遐迩。匠人们巧手穿梭，将生活中的人物劳作、自然界的万物生灵，如蝴蝶翩翩、花卉争艳、鱼儿戏水及寓意深远的几何图形，一一融入扎染之中。这些图案不仅色彩斑斓，更蕴含着对美好生活的向往与祝福。此外，云南扎染不乏华贵图案，如圆菊绽放展现了当时社会的风貌与审美追求。

湘西之地的扎染艺术则更生活化与细腻，花纹和人物是用得最多的图案，独特的工艺手法让花纹与人物栩栩如生。在这里，扎染不仅是装饰，更是情感的寄托，讲述着一个个关于爱与生活的故事。

四川自贡，这座历史悠久的“盐都”，其扎染艺术也与盐业文化紧密相连。自贡扎染图案以盐商发展历程为核心，通过再现凿盐井、运盐、晒盐等场景，记录了盐业发展的辉煌历史，赋予了扎染艺术深厚的文化价值。这些图案色彩鲜明，构图宏大，让人在欣赏之余，也能感受到那段历史。

西藏高原，天气寒冷，特殊的气候孕育了独特的扎染艺术。这里的扎染织物多以厚重的皮毛和毛织物为主，而十字花形图案则成为其标志性的纹样。匠人们在厚重的织物上施展巧思，通过捏起预留花纹处，形成皱纹并折叠染色，最终呈现出清晰而富有层次感的十字花纹。这种独特的工艺不仅体现了藏族人民的智慧与创造力，也展现了他们对美的独特追求。

内蒙古的“蒙古绞”扎染，与西藏扎染有着异曲同工之妙。其制品广泛应用于铺地物、腰带及坐垫等日常用品之中，花纹粗犷豪放，色彩鲜艳夺目，充分展现了游牧民族的生活习性与文化特色。这些扎染制品不仅是实用的生活用品，更是蒙古族文化的重要载体。

新疆的“扎经染色”技艺更是独树一帜。它打破了传统扎染的常规流程，将经纱先扎染处理后再织造，从而创造出独具特色的艾德莱丝绸。这种丝绸以其独特的图案与色彩而闻名于世，并因产地的不同而有不同的特点。其中，和田、洛浦地区出产的艾德莱丝绸，以图案的欢快奔放、色彩的浓重鲜明而著称。这些丝绸作品常用黑、白、土黄、深红、墨绿、宝蓝、靛蓝等大块色彩，展现出一种深沉而强烈的视觉冲击力。图案设计上，多采用羊角纹、巴达木纹和艾捷克、胡西达尔、热内普等民族乐器的变形纹饰，以及凌乱的梳子纹、羽毛纹样等，彰显了浓郁的民族风情和地域文化特色。喀什、莎车地区出产的艾德莱丝绸，其色彩鲜艳夺目、图案简洁明快。这些作品常用正黄、正红、翠绿、宝蓝、青莲、桃红等纯色，色彩搭配和谐而富有活力。图案设计上，常见的是简洁的几何纹、弧线较大的羊角纹，以及流苏纹、菱纹、椭圆形、长条形的宝石纹样等，这些设计既体现了民族传统工艺，又展现了现代审美。无论是哪种风格的艾德莱丝绸，都以其独特的魅力吸引着世界人民的目光。

（三）传统扎染的技法特征

扎染工艺，作为我国传统手工艺，将扎结与染色技艺巧妙融合。在这一过程中，工匠们运用绳索、线材或夹具对织物进行精心缝扎、捆扎、夹扎、绞扎等操作，预先设定扎染图案的形态，随后将这些经过精心处理的织物浸入染缸，由于扎结部分阻隔了染料，未被扎结的部分就会染上颜色，从而形成图案。扎染的图案通常具有丰富的层次感，因为不同的扎结方法和力度会产生不同的松紧效果。完成染色后，还需要经过一系列的处理工艺，如固色、漂洗和整理等，以确保颜色持久和图案清晰。同时，传统扎染的染色方法也颇具特色，涵盖了直接染色法、多次浸染法、套染以及媒染染色法等多种方法。这些传统技艺不仅体现了我国劳动人民的智慧和创造力，也是中华传统文化的重要组成部分。

（四）传统扎染的色晕特征

色晕效果是一种在扎染工艺中出现的特殊现象，指染色后的图案或图形边缘形成色彩的渐变，让原本白色的图案或图形呈现出丰富的色彩层次。色晕效果是在扎结过程中染液顺着织物的皱褶渗透所形成的。不同于其他印染工艺，扎染的色晕效果是其独有的特质，是其他印染工艺难以复制的。从现代色彩学角度来看，色晕是两种色彩交融、互相渗透的结果，即一种色彩渐渐渗透到另一种色彩中，形成深浅不一的斑纹或曲线。这种效果不仅让色彩层次更加丰富，还赋予了色彩一种含蓄而深邃的美感。

在传统扎染艺术中，色晕的形成是扎结和染色两个工艺步骤相互作用的结果，扎结的力度是决定色晕效果的关键因素，力度的轻重会直接影响到纹样或图形的清晰度。这种工艺不仅展现了人类的智慧，也呈现出自然与艺术的完美结合。

三、传统扎染工艺在服装设计中的创新应用

（一）传统扎染工艺在纤维中的创新应用

面料和辅料是服装的主要构成部分，而它们大多是由纱线制成的，纱线又由纤维构成。因此，纤维是服装制作的基本原料和构成要素。纤维的种类、形态、

性能和品质都会直接影响到面料、辅料以及成衣的风格、性能、品质和价格。下面以艾德莱丝绸为例，简单说明。

传统扎染中的扎经染色法是先将经线染色后再织成图案，主要用于几何图形的制作，新疆艾德莱丝绸广泛使用这一方法。艾德莱丝绸分为两种风格：和田、洛浦地区的艾德莱丝绸图案粗犷、用色大胆，以黑、白、深红等纯色为主；喀什、莎车艾德莱丝绸色彩鲜艳，常用几何图案和流苏纹等，配色丰富，主要使用3~6种颜色。

受益于“扎经染色”的色彩渐变效果，艾德莱丝绸能细腻呈现色彩的变化，深受设计师青睐。特别是在花卉图案的处理上，通过放大变形处理使纹样更具表现力和装饰效果。

（二）传统扎染工艺在面料中的创新应用

1. 二维平面装饰性设计

二维装饰设计通过染色和装饰手法创新面料表面处理。染色方法包括浸染、拔染、喷染等，装饰技术有刺绣、手绘、拼布、镂空等。不同工艺使用不同的技法、材料。珍妮特·米尔（Jeanette Viviano）通过几何拼接扎染面料，使作品色彩丰富、时尚，特别是色彩过渡处柔和自然，视觉冲击力强。

2. 面料三维记忆成型再造设计

采用高温高压定型及防染工艺，将“软雕塑”手法应用于服装面料设计中，借助堆砌、折叠、喷刷等深加工技术，结合市场趋势开发出后现代风格的艺术面料作品，将扎染和三维记忆技术融合，形成独特的三维纹理与平面图形相互交织的视觉效果，彰显出前卫潮流感。

三维成型工艺是一种后整理技术，广泛用于涤纶及含涤混纺面料的设计开发中，主要包括热敏成型、压褶成型和绞缬喷染定型等方法。

在热敏辅助记忆成型工艺中，在面料与热敏材料贴合后，通过电脑绣花定位，再经高温定型，利用热敏材料的收缩性带动面料同步收缩，形成浮雕效果。

此工艺还能结合转移印花等工艺，生产出高附加值的面料。

机械压褶成型工艺通过设备对涤纶面料进行三维再造，主要包括电热模压和长车汽蒸定型工艺。经此工艺处理的面料具有浮雕效果、图案清晰、形状稳定。该工艺效率高、可控性强，是成熟的再造技术。

绞缬喷染汽蒸工艺主要用于涤棉、涤麻衬衫及含涤牛仔面料。经过高温定型后，利用喷枪等设备在冷却后的面料上进行喷涂或拓印，形成自然的浮雕纹理效果。

（三）传统扎染工艺在成衣中的创新应用

扎染成衣源于“艺术染整”，是一种传统与现代手工艺结合的技法，如扎、缝、染等，能够创造出不同于工业印染的独特艺术效果。写实风格的成衣通过扎染实现层次丰富的色彩变化；抽象几何风格的成衣则将几何形态与流行设计融合；嬉皮士风格的成衣采用多种染色工艺，打造对比强烈、个性化的图案；传统东方写意风格的成衣通过吊染与注染，呈现自然的返璞归真效果，李东君（Ximon Lee）在2015的时装秀中使用吊染和注染工艺，做出烟雾般的印花效果，整齐的剪裁加之以毫无规律的双色扎染效果，令人印象深刻。

第三节　其他工艺在服装创意设计中的应用

一、传统钩编工艺在服装创意设计中的应用

钩编工艺又称为钩针编织，是一种使用钩针将线材编织成各种纹理和图案的技术。利用这种工艺不仅能制作出实用的日常用品，如衣物、帽子和围巾，还能制作出精美的装饰品，如桌布和垫子。钩编工艺历史悠久，可能起源于阿拉伯半岛、南美洲或中国，但确切的起源尚无法考证。在中国，钩编艺术随着人们生活水平的提高而逐渐流行，成为追求精神享受和个性化需求的一种

方式。

钩编工艺的基本工具是钩针，它有多种尺寸和规格，以适应不同的线材和编织密度。钩编的基本技法包括挂线、绕线和勾勒，这些技法需要通过反复练习才能熟练掌握。钩编的种类繁多，根据用途和风格不同，可以分为花边钩编、立体钩编、自由风格钩编等。其中，花边钩编常用于制作蕾丝和装饰边缘，立体钩编则可以制作出立体的玩偶和装饰品。

钩编艺术家们不断探索新的设计和材料。例如，运用现代色彩搭配和结构布局，使作品更加时尚和个性化。新型材料如化学纤维的使用，也为钩编作品带来了更多的可能性。此外，钩编作品不仅美观，还具有很强的实用性，能够美化家居环境，同时起到保暖作用。

钩编工艺作为一种独特的手工艺，不仅是技术的展现，也是文化和创意的传承。在现代社会，钩编艺术以其独特的魅力和深厚的文化底蕴，吸引了越来越多的人的关注和喜爱。

（一）设计题材的选择

1. 灵感来源

灵感是从丰富的自然色彩中而来的。大到山川河流，小到一朵美丽的花、一只漂亮的蝴蝶，都具有非常和谐且神秘的色彩搭配。不管是在工作还是在生活中，我们都会使用色彩来装扮自我，这也体现了色彩的独特魅力，正是因为有了各种色彩我们的世界变得更加美丽，丰富的色彩会使人们在视觉上受到感染。在这个世界中，人们可以通过感官获得多种信息，这同样是我们感受美的一种途径。在运用钩编工艺进行服装设计的过程中，我们可以通过协调色、对比色等的多种搭配方式创造出美的享受，给人一种视觉上的冲击，通过色彩去感染人的内心。

2. 设计手法

钩编工艺以手工编织为主，通过独特的风格和多样的线材设计服装款式与图案，结合流行与民间元素，呈现色彩对比与拼接的视觉效果，使服装与人体、色彩融为一体，展现个性与美感，满足人们对色彩的追求，提升自信。在现代设计中，流苏是传统元素与时尚趋势的结合，展示了传统工艺与现代文化的融合之美。设计师利用简洁的廓形和对称设计，运用多种手法和线材，创造出丰富的花型与图案，展现色彩与线条的和谐之美。

（二）钩编工艺的运用

条纹和块状图案经常以二方、四方排列方式组合，并通过镂空、钩花、拼接立体块面，形成独特的肌理效果。钩编作品主要色调为玫红和蓝色，对比色与调和色的搭配，既保留了民族风格，又契合现代审美。设计采用传统钩编工艺，强调 A 形、H 形、S 形服装的色彩与图案对比，合身设计突出人体曲线，立体纹理增强视觉张力。

二、传统拼布工艺在服装创意设计中的应用

（一）现代服装设计中的拼布艺术

拼布是我国传统服饰中常见的装饰手法，因受民俗与宗教的影响，其工艺精细、色彩多样、风格丰富。如今，这种装饰手法在现代时尚领域中也占据一席之地，经常在时装秀上亮相，以独特的视觉效果吸引人们的注意。在服装设计中，拼布具有多种构成方式，无论是整体的几何拼接还是局部的图案装饰，都是打造服装层次感和风格不可或缺的手段。

在欧美拼布艺术蓬勃发展的今天，金媛善女士凭借其精美绝伦的作品，向世界展现了中国传统文化的魅力与典雅气质。她被誉为“目前唯一能代表中国手工拼布艺术水平的艺术家”，自小在传统朝鲜家庭的熏陶下掌握了女红技艺，多次参与国际拼布展览，在日本、韩国及美国等地获得国际拼布艺术奖项，其中包括拼布艺术大赛的二等奖。

现代服装设计将传统拼布工艺与当代生活需求相结合，通过解构和重组创造了新的时尚风格，为人们带来了全新的穿衣体验。拼布艺术与日本的“BORO”工艺有相似之处——这个词的意思是“破布”或“褴褛”。这种布料最早是由节俭的渔民和农民穿着，因为当时棉布柔软舒适且极为珍贵，而乡村居民只能穿粗硬的麻布御寒，麻布不如棉布舒适，因此人们将珍贵的棉布小心缝在衣服的衬里或破损处。日本设计师津吉学将这一传统的“破坏”元素融入大量现代时尚设计，推出了一系列丹宁服饰。

（二）拼布工艺在现代服装设计中的应用形式

1. 应用面积

就拼布艺术在现代服装设计中的应用而言，可以划分为整体拼布和小面积装饰拼布。采用整体拼布设计的服装，其风格特征会更加鲜明。

2. 材质运用

在现代拼布服装设计中，面料运用更加多元化。除了使用梭织面料，还加入了皮革和其他非纺织材料，使得作品具有独特的肌理效果。

3. 造型呈现

从拼布艺术在现代服装设计中呈现的造型来看，可分为平面形式和立体形式两类。

在现代服装设计中，拼布艺术不只会以平面的形式呈现，设计师还会把拼布艺术和现代的裁剪技术、设计方法结合起来，从而使制作出来的拼布服装更具立体感。

我国的拼布工艺是一种非常古老的装饰手法，在我国的传统服装设计中应用得非常广泛。它蕴含着丰富的文化内涵，而且也非常具有实用性，因此慢慢成了人们身边十分常见且不可缺少的艺术。在日常生活中，甚至在时尚圈内，我们仍然能时常见到拼布服装。传统的拼布工艺在面料搭配、构成与应用形式上都是多样化的，因此，很多设计师会将之当成塑造层次感和服装风格的手段而应用在自己的设计中，从而被更多的人认可和喜爱。

（三）拼布工艺在服装设计中的应用创新

拼布工艺在服装设计中的应用创新主要表现在对面料的再造设计上。

1. 拼布工艺在图案构成上的创意体现

（1）拼布工艺中图案造型的拆分解构

传统拼布工艺以其形式结构体现出秩序之美，而现代服装设计更追求个性之美。在解构主义的影响下，拼布艺术图案开始在传统设计的基础上朝着多元和复杂的方向演变。经过拆分与解构后，拼布图案逐渐由具象图案转为碎片化的抽象图案，从而为拼布作品注入了新的视觉审美体验。

图案的拆分方法有两种。一种是按一定比例将完整的图案分割，并在服装上以一定的间隔排列。这种方法增加了图案在衣服上的装饰面积，同时呈现出通透的视觉效果，尤其当拼布材料与衣片的面料形成对比时，这种效果更为显著。另一种是将拼布与服装的内部结构结合，比如与裙子的褶皱结构结合。首先，对需要拼布装饰的裙片进行褶皱处理，并在裙子上标记出拼布图案的具体位置。然后，根据褶皱的宽度对拼布图案进行分割，并将分割后的图案按原有标记固定在褶皱上。这种拆分方法的巧妙之处在于，当人静止时能看到完整的拼布图案，而人在运动时，图案会随身体动作产生散开的视觉效果。这种方法展现出静态与动态结合的美感，给人以与众不同的视觉效果。

（2）拼布工艺中图案造型与服装廓形相结合

在拼布工艺中，将图案造型与服装的整体廓形相结合，尤其是与内结构相结合，能够让服装的造型体现更多节奏感，并凸显出结构特点。将拼布图案的独特轮廓作为服装内部结构的廓形线，如领口、袖口或底摆，可以突破传统设计，使其装饰效果更具个性和视觉冲击力。由于拼布图案的美感和不规则性，服装的结构特征被进一步突出。拼布图案的应用方式多样，包括平面拼接或局部连接，能够赋予服装更强的立体感，使服装更加灵动，富有趣味性。

2. 拼布工艺在拼接工艺及基础单元塑造上的创意体现

（1）传统的基础拼布单元配以新的拼接工艺

利用新的拼接工艺，将基础单元面料进行组合，使之具有立体效果。在缝合拼布材料与服装衣片时，将缝线从基础面料的边缘向内移动 0.5 至 1 厘米，随后缝合另一片相邻的面料，保持同样的距离，直立的缝边就会留在装饰表面。这种再造方式赋予面料独特的肌理触感，产生了强烈的视觉冲击。

（2）传统的拼接方式配以新的基础拼布单元

通过捏褶等方式使基础单元面料呈现出立体感，再运用传统拼布技法进行拼接。可以借助绗缝工艺在面料内进行填充，增强其饱满的立体效果。由此制作的面料肌理饱满、廓形分明。在服装设计中，这种拼布技术通常用于袖子或前后身的局部装饰，能够形成平面与立体的对比效果，格外引人注目。

3. 拼布工艺与其他装饰手法综合运用的创意体现

（1）拼布工艺与传统装饰手法的综合运用

拼布艺术近年来已逐渐与其他装饰技法相融合，不再像以前一样单一，而是呈现出与多种技艺综合运用的趋势。在 2015 年中国国际拼布大赛及拼布手工艺术展上，一组来自美国的以自然风光为主题的拼布作品吸引了众多参观者的目光。这组作品运用了印染、绗缝和拼布等多种工艺。首先，将滚筒附着染料后对材料进行印染处理，赋予材料自然的褶皱肌理感；随后根据纹理进行绗缝加工；最后再将不同部分拼接在一起。三种技法的融合，使作品风格清新自然，和谐统一。

（2）拼布艺术与数码印刷工艺的综合运用

传统工艺与现代科技手段结合，完美体现了科技与时尚艺术的融合，为人们展现了一种创新的设计思路。运用数码印刷技术，可产生仿拼布效果，通过平面图案的印刷来模仿拼接而非实际缝合。同时，还能局部应用绗缝、贴补、钉珠等装饰方式，使面料的视觉效果更加丰富。

三、传统蜡染工艺在服装创意设计中的应用

蜡染，是一种中国民间传统纺织印染手工艺，拥有悠久的历史和独特的艺术魅力。这种技艺最早可以追溯到秦汉时期，尤其在苗族等少数民族中流传甚广。蜡染的基本工艺流程包括设计图案、点蜡、染色和去蜡。首先，艺人会用蜡刀蘸取熔化的蜜蜡，在白布上绘制出精美的图案。然后，将布料浸入以靛蓝为主的染料中，未被蜡覆盖的部分会染上颜色。在染色过程中，蜡会自然龟裂，形成独特的冰纹效果，使布料的装饰性更强。最后，通过煮沸布料来去除蜡质，留下清晰的图案。蜡染不仅是一种技术，它还承载着丰富的文化意义和审美价值，反映了民族的历史、信仰和生活哲学。

（一）蜡染与 T 恤的结合

将蜡染工艺与短袖结合，已经成为蜡染工艺在现代服饰领域中一种较为成功的表现形式。短袖的独特面料和大面积留白为蜡染图案的充分展示提供了良好条件。蜡染工艺能够有效提升短袖的艺术美感。将蜡染技艺应用于短袖设计的主要目的是展现不同地域的文化特色。在短袖的前、后位置呈现蜡染图案，而其他部位则常采用冰纹设计处理，赋予短袖更加时尚、现代化的视觉效果。

（二）蜡染工艺在配饰中的应用

蜡染工艺在背包制作中被大量应用，而且在不断的发展中已经被慢慢应用到其他种类的包中。蜡染工艺也会被应用到帽子设计中，但是用于帽子设计时，主要采用冰纹形式，这为帽子添加了很多新元素，使帽子更具时尚感。

（三）蜡染工艺在成衣中的应用

当前蜡染工艺已被广泛应用于配饰与成衣设计中，尤其在女装方面应用

广泛。

现代服装与蜡染的结合，不仅是一种创新，而且也是一种通过结合现代技术与传统风格来传承文化的方式。随着我国经济水平提高，蜡染工艺从过去的小规模作坊式生产转向了大批量生产，获得了更广泛的发展机会。在现代服饰中应用蜡染工艺，从某种角度上讲也是对我国传统文化的弘扬。

第五章　服装搭配技巧

本章主要内容为服装搭配技巧，主要从五个方面进行了阐述，分别是基于体型的服装搭配、基于色彩的服装搭配、基于流行的服装搭配、基于场合的服装搭配、基于材质的服装搭配。

第一节　基于体形的服装搭配

一、体形与服装款式搭配的法则

（一）修整弥补法

修整弥补法是运用服装修饰人的体型、塑造完美形象最为常见的一种方法。它是在了解穿着者的体型特征后，巧妙地应用服装外轮廓形、内轮廓形与服装局部造型，将人体不理想的部位进行修整弥补，然后利用视觉效应，达到美化与提升整体形象的效果。

（二）淡化转移法

淡化转移法是将人体某些不理想的部位进行淡化，然后运用其他装饰手段将视觉中心转移，进而达到美化形象的效果。

（三）烘托美化法

烘托美化法是指在进行服饰选择与搭配时尽量展示身体的优美部位，应用服装外轮廓形、内轮廓形与服装局部造型，将这个部位打造成视觉审美中心。

二、不同体形的服饰搭配技巧

体形指的是人体形状的总体描述和评定。体形一方面由遗传因素决定；另一方面受环境和人的行为的后天影响。

（一）“X”形体形

“X”形体形（沙漏形体形）被认为是比较理想的体形之一，因为其身体比例相对均衡，胸部和臀部较为丰满，腰部较为纤细。由于这种体形的曲线感很强，可以很好地展现女性的身体轮廓，因此适合的服装种类最多。沙漏形体形的胸、臀围相对接近，并且腰部明显收窄，呈现出明显的曲线感。这种体形能够让许多类型的服装自然地贴合身体曲线，展现出立体感。由于胸部与臀部的比例接近，穿衣时不需要额外平衡上下身的体积。这意味着可以选择多种风格的服装，不论是紧身还是宽松的服饰，均能在保持曲线的基础上展现不同的风格。沙漏形体形的特点之一是纤细的腰部。因此，适合有腰部设计的服装，如裹身裙、A 字裙、高腰裤等服装都能很好地突出其天然的曲线美。

（二）“V”形体形

“V”形体形的人通常肩部较宽，胸部较厚实，而腰部、臀部相对较窄。这种体型在男性和女性中都存在，也被称为“倒三角”体形。V 形体形的男性往往给人一种强壮、阳刚的印象，比较容易通过合适的穿搭凸显力量感和男性气质。但是，对于女性而言，V 形体形可能使她们缺少明显的腰臀曲线，因此在选择服装时，需要着重强调腰部或下半身来创造女性化的柔和曲线。所以，V 形体形人穿搭时，应当选择适度修身的上衣，如修身的 T 恤、衬衫或夹克，以更好地展示肩部的优势，但不应过于宽大，否则会让肩部显得更夸张，破坏整体比例。下装可以选择直筒裤、休闲裤等稍宽松的款式，平衡上下身的比例，避免穿太紧身的裤子。如果腿部较短，可以穿深色的裤子并搭配稍高一点的鞋子，增加视觉高度。

装扮要点：

（1）小巧的臀部让人羡慕不已，装扮时应尽量示人。

（2）直筒牛仔裤不适合这种体型，可选择古典或细条纹图案的衣物。

（3）铅笔裤和铅笔裙子也是相当不错的搭配选择，但尺寸应适合自己。

（4）如果穿着者胸部较丰满，穿衬衫或夹克时，避免口袋或翻领设计。

（5）这种体形的人穿齐肘短袖的效果最佳，穿无袖的衣服也不失为一种不错的选择。

（三）"A"形体形

这种体形俗称"梨子形"，一般是小胸或胸部较平或乳部较上，窄肩，腰部较细，有的腹部突出，臀部过于丰满，大腿粗壮，下身重量相对集中，整体来看下部显得沉重。由于腹部肥大腰线往往会提高，因此上身较短。宽松的洋装和伞装是该体形适合的衣着，这样能减少对腰部的注意力。此外，上衣要宽松，长度以遮住臀部为宜，可以穿打褶的长裤配上宽松的上衣。

装扮要点：

（1）这种体形最好选择没有垫肩的服饰。

（2）长裙、A字裙、打褶裙可以掩饰扁平的臀部，是这种体形的较佳选择。

（3）这种体形切忌选择贴身的裙、上衣或裤子。

（4）选择宽松的款式，简单的线条比较适合"A"形体形人。

（四）"H"形体形

"H"体形（也称直筒形或矩形体形）的人的肩膀、腰部和臀部几乎在一条直线上，缺乏明显的腰线，整体比较平直，没有明显的曲线。为掩饰这一体形缺陷，穿搭的主要思路是通过衣物制造曲线感或突出其他优势部位。可以通过高腰设计或腰带强调腰线，或者选择有结构感的衣物增加层次感。

装扮要点：

（1）显露身体曲线的衣着会令整个体形纤细。

（2）为了展现身体轮廓，可从头到脚穿同一种颜色或色调的衣服。

（3）穿紧身衣时应避免戴颜色差异很大的帽子，就像字母“i”。

（4）穿夹克时，夹克下摆如果包裹部分臀部，会吸引众多目光。因此，夹克下摆最好在臀围以下。流行的长西装就是很好的选择。

三、巧用服饰掩饰女性身材缺陷

（一）巧用服饰掩饰脸形缺陷

很少有人天生一副完美的脸形，聪明的女性知道如何用服饰来扬长避短。

（1）三角形的脸：好像梨形，下颚宽大、上额狭小，穿V领衣服会使脸形看来柔和些。

（2）四方形的脸：这种脸形大多属于宽大型，给人很强的角度感，如穿圆领衣服，反而强调宽大的感觉。U领衣服可缓和这种脸型。

（3）圆形的脸：显得宽大、饱满，宜增加长度感，减少圆的感觉。以V领衣服缓和最为恰当。穿圆领衣服时，领口须大于脸形，脸形将显得较小。

（4）长方形的脸：水平线有利于这种脸形。如船形领、方领、水平领衣服，都适合。

（5）菱形的脸：下颚、上额都偏狭小，利用刘海将上额遮住，而且两鬓要梳得较蓬松，就可增加上额的宽度，脸形便成为逆三角形，衣领的选择也就没有限制了。

（二）巧用服饰掩饰颈部缺陷

女性的颈部以粗细适中而稍长为美，这样使人显得挺拔、精神。如果没有令人羡慕的美颈，不要泄气，下面的方法也许能让女性同样美丽且别具风采。

（1）颈部过于细长

高领毛衣、T恤或连衣裙等都能有效地缩短颈部的视觉长度。高领款衣服能够遮住部分颈部，使颈部不会显得过长。立领或半高领也可以巧妙地增加颈部的“体积”，从而让颈部看起来不那么纤长。如果喜欢V领设计，应该选择不太深的V领，这样不会过于拉长颈部。太深的V领会显得颈部更长，建议避免。

多层项链能增加颈部的视觉厚度，同时吸引视线集中在饰品上，而不是颈部的长度。厚重感的项链或带有大吊坠的设计会增加颈部的“重量感”，使颈部看起来不那么细长。

（2）颈部肥短

V领是修饰短粗脖子的最佳选择。它可以拉长颈部线条，增加纵向延伸感，让脖子看起来更修长。同时，它还能增强脸部轮廓的立体感。深度的圆领设计也能显得颈部更长。领口不要过于贴合脖子，应该有一定的开口，避免束缚感。一字领露出肩膀，能够拉宽肩线，相比之下让颈部显得更为修长。同时还能突出肩部和锁骨的美感，分散对颈部的注意力。高领设计会让颈部显得更短更粗，尤其是贴身的高领，容易让颈部显得更加拥挤。诸如带荷叶边、蝴蝶结等复杂装饰的领口设计，会让颈部看起来更加臃肿。

颈部粗短的女性适合佩戴稍长的项链，尤其是V形项链，可以与V领服饰形成呼应，进一步拉长颈部线条。链条过胸线但不过腰线的长度最为合适。细长的垂坠耳环可以引导视线向下移动，使脸部和颈部看起来更为修长。这类耳饰不仅能够修饰脸部，还能使颈部显得不那么宽厚。

（三）巧用服饰掩饰肩部缺陷

1. 肩膀狭窄（包括斜肩）

肩膀狭窄（包括斜肩）的女性可在肩部衬上垫肩。方形的海军领充满了立体感，也能很好地转移视线，掩饰狭窄的肩膀；穿戴披肩也是一个很好的选择；肩部有装饰设计、近似男性化的夹克款式，适合性格活泼的这类身材的女性。肩膀狭窄（包括斜肩）的女性不宜穿着无肩缝的毛衣或大衣，窄而深的 V 领服装也不太合适。

2. 肩膀过宽

肩膀过宽者，肩部不要有任何装饰。无肩缝的针织上衣比较适合，最好选用 V 领衣服，可使肩部看起来窄一些。

（四）巧用服饰掩饰胸部缺陷

1. 胸部偏小

胸部偏小的女性应穿胸部带水平条纹和带翻领的上衣，在上衣门襟处及胸前多装饰荷叶边、蝴蝶结、蕾丝、口袋等。注意选择精致小巧的项链、胸饰、别针等，以增加分量感。此外，可以选择塑身效果明显的内衣。

2. 胸部过于丰满

胸部丰满的女性应选择设计简单、宽松的上装，不要穿过于贴身的毛织服装和真丝等易贴身的衣衫。避免穿高腰下装和束宽腰带，以使上身显得长一些。

（五）巧用服饰掩饰臀部缺陷

1. 臀部丰满

臀部丰满者适合穿深色的西装裤或西装裙，避免穿浅色和有光泽面料的裤装或裙装，因为闪亮的材质会使臀部更加引人注目。

2. 臀部过小

对于臀部偏小的人，建议选择颜色较浅、具有光泽和褶皱设计的裤子。宽松的裤子或带有口袋装饰的服饰也能很好地掩饰这一缺陷。

（六）巧用服饰掩饰腿部缺陷

1. 腿粗

为了拉长和修饰腿部线条，使腿部显得纤细，可以搭配高腰裤或高腰裙子。

高腰设计能够提升腰线，拉长腿部比例；应避免紧身裤，选择垂感好的直筒裤、阔腿裤，能够遮盖腿部赘肉，显得腿部修长；A 字裙可以遮挡大腿，突出腰部线条，修饰腿型。

2. 腿细

浅色系下装比深色系下装显得更有厚度，白色、米色、浅灰等颜色可以增加腿部的视觉存在感；不宜穿过于紧身的裤子，选择稍宽松的直筒裤或牛仔裤，可以适度增加腿部的立体感；带有纹路、刺绣或立体装饰的裤子可以使腿部看起来更有层次和厚度；裤子外加一条长袜或靴子，可以使腿部更具立体感和存在感。

3. 腿短

无论是裤子还是裙子，高腰款式都是拉长腿部比例的关键。高腰线使腿部显得更长，腰部看起来更高；露出脚踝的九分裤显得腿更长。尖头鞋也能够拉长腿部线条，而高跟鞋自然能增加腿部的长度尤其是裸色高跟鞋更能延伸腿部长度。

4. 踝关节太粗

选择裤脚宽松的直筒裤或阔腿裤，能够遮住踝关节，避免凸显其粗壮；及踝靴或者短靴可以有效遮挡踝部，露出腿部更细的部分，从而修饰踝关节。应避免穿带有踝带的鞋子，因为踝带会将视线集中在踝关节处，反而凸显粗壮感。可以选择没有踝带的靴子或高跟鞋来延长腿部线条。

5. 腿型不直

直筒裤和阔腿裤都能遮盖腿部的曲线，让腿部显得更加笔直。选择面料较为硬挺的裤子，有助于修饰腿形。高筒靴可以掩饰腿部不直的部分，尤其是在秋冬季，靴子能够有效修饰腿形。避免穿横向图案或颜色变化明显的裤子，会增加人们对腿部线条的注意。

（七）巧用服饰掩饰手臂缺陷

1. 手臂太细

手臂太细的女士，袖长宜遮住腕关节。匀称、有皱褶的袖子（褶子不要太密）或喇叭袖会增添美感。同时，精致秀气的手镯也可以恰当地修饰纤细的手臂。

2. 手臂太粗

选择灯笼袖、蝙蝠袖等宽松的袖型，能够遮掩手臂线条；V 领或船领等领型也可以将人的注意力从手臂转移到颈部和脸部，使上身线条更显修长。

3. 手臂较短

七分袖或九分袖能延长手臂视觉长度，但要避免过短的袖型。选择短款外套，可以使手臂看起来更长，同时看起来更加干练。

4. 手臂较长

手臂较长者，袖子宜短且宽。

四、巧用服饰掩饰男性身材缺陷

（1）肩大臀小型：这类男性体态匀称，服装选择类型较多。

（2）肩臀相当型：可用深色和水平线元素来增加重量感。

（3）肩小臀大型：多选择垂直线型的平整面料，皮带宜细。

（4）身体肥胖型：选择深色系的服装，如深蓝、黑色等，因为深色有显瘦的效果。竖条纹或细纹路的衣服有助于拉长视觉效果。V 领的上衣可以拉长颈部线条，看起来更纤瘦。避免过多的装饰或者大图案，以免增加视觉负担。

（5）短腿弯曲型：选择高腰裤，可以将腰线提高，从而拉长腿部的视觉效果。避免穿低腰裤，这会让腿显得更短。裤子可以选择稍微修身但不紧绷的版型，直筒或锥形裤可以更好地修饰腿形。穿深色裤子搭配浅色上衣，有助于将视觉焦点上移。鞋子选择有增高效果的款式或使用鞋垫。

（6）腿短臀丰型：上衣可以稍微长一些，盖住臀部。穿有垂感的裤子，比如西装裤或直筒裤，可以修饰臀部和腿部的比例。

（7）脸大脖短型：如有双下巴或者下颚部分碰到衣领，可对衣领做调整，使它更适合脖子。

（8）肩斜臂粗型：选择肩部有些许垫肩的衣服，可以提升肩线，使肩部看起来更平直。避免紧身的T恤和短袖，选择袖口稍长、略宽松的上衣。可以尝试穿V领或U领的上衣，露出锁骨，有助于分散注意力。面料选择上避免太厚重，以免增加肩部的厚重感。

（9）臀突背圆型：上衣可以选择有垂感的面料，不要过于紧身，避免将背部和臀部的线条完全暴露出来。选择稍微修身的直筒裤，不要穿紧身的裤子，以免凸显臀部的曲线。避免上衣过于短小，否则会使臀部显得更加突出。

第二节　基于色彩的服装搭配

一、服装色彩理论基础

（一）色彩介绍

“美”在当今崇尚绽放个性的人文文化风潮中备受大众关注，而色彩之美在服装设计中起到了至关重要的作用。想知道自己穿什么颜色好看，先要学会辨别生活中的色彩。

彩色系的颜色具有三个基本属性：色相、纯度、明度。

色相：色相指的是颜色的名称或种类，是我们区分颜色的最基本特征。它是指光的波长差异导致的颜色差异，例如红、橙、黄、绿、蓝、紫等颜色。色相通常决定了颜色的基本类型，比如红色与蓝色之间的不同就是色相的区别。

纯度：又称饱和度或彩度。纯度表示颜色的鲜艳程度或色彩的强度，描述了颜色与灰色的混合程度。高纯度的颜色是鲜艳的、饱和的，而低纯度的颜色则显得灰暗或柔和。举例来说，纯红色是高饱和度的红色，而淡红色或带有灰色调的红色就是低饱和度的红色。

明度：又称亮度或明亮度。明度指的是颜色的明暗程度，表示颜色的亮或暗。明度高的颜色看起来更亮，接近白色；而明度低的颜色看起来更暗，接近黑色。以黄色为例，浅黄色明度高，深黄色明度低。

色相的对比：当两个或多个色相明显不同的颜色放在一起时，就形成了色相对比。对比越明显，视觉冲击力越强。在日常服装搭配中，利用色相对比可以创造出视觉焦点，突出个性和层次感。常见的搭配思路有对比色搭配（如红色和绿色、蓝色和橙色等），这类搭配充满活力且引人注目，适合表现张扬的个性或时尚的风格；邻近色搭配（如蓝色和绿色、紫色和粉色等），这种搭配较为柔和，过渡自然，适合营造和谐感。

邻近色相对比，要比同类色相对比明显些、丰富些、活泼些，可稍稍弥补同类色相对比的不足，但不能保持统一、协调、单纯、雅致、柔和、耐看等优点。当各种类型的色相对比的色彩放在一起时，同类色相及邻近色相对比，均能保持明确的色相倾向与统一的色相特征。这种效果则更鲜明、更完整、更容易被看见。这时，色调的冷暖特征就会更明显。

对比色相，要比邻近色相对比鲜明、强烈、饱满、丰富，容易使人兴奋激动，造成视觉以及精神疲劳。它不单调，缺乏鲜明的个性。互补色相对比的色相感，比对比色相对比更完整、更丰富、更强烈、更刺激。对比色相对比也会单调，不能适应视觉的全色相刺激的习惯要求。互补色相对比的缺点是不安定、不协调、过分刺激，有一种幼稚、原始和粗俗的感觉。要想把互补色相对比组织得倾向鲜明、统一与调和，配色技术的难度就更高了。

（二）色彩的多重效果

1. 色彩的联想与象征

色彩可以表达丰富的情感。人的感觉器官是互相联系、互相作用的，任何一种感觉器官受到刺激以后，都会诱发其他感觉系统作出反应，这种伴随感觉在心理学上又被称为“共感觉”或“通感”。色调不仅可以带来视觉上的感受，同时刺激人的各种感官产生多种情感感应，如触觉、味觉、听觉等。

色彩的联想与象征，主要反映在日常生活的经验、习惯、环境等方面。不同地域、民族、年龄、性别的人对色彩的情感认识不同，但一般来说，色彩联想是有共性的。色彩联想多次反复，几乎固定了色彩专有的表情，于是就变成了该色的象征。

2. 主要色彩的心理分析

（1）红色

红色给人的基本感受是热情、活力、力量、兴奋。

高纯度的红色显得强烈和刺激，低纯度的红色则显得沉稳。高明度的红色偏粉，会带来柔和、温暖的感觉。

偏暗的红色（如深红）显得稳重和优雅，而偏亮的红色（如玫红）更具动感。

（2）橙色

橙色给人的基本感受是温暖、活泼、友好，容易引发愉悦感。

高纯度的橙色显得活跃和充满能量，低纯度的橙色更为柔和。高明度的橙色偏黄，显得阳光明媚。

偏红的橙色显得热情，偏黄的橙色更具亲和力。

（3）黄色

黄色给人的基本感受是明亮、愉悦、希望，常与快乐、智慧相关联。

高纯度的黄色显得刺眼和兴奋，低纯度黄色显得柔和。高明度的黄色接近白色，具有轻盈感。

偏橙的黄色显得温暖，偏绿的黄色显得清新。

（4）绿色

绿色给人的基本感受是自然、平和、生机，具有安抚的作用。

高纯度的绿色显得生机勃勃，低纯度绿色（如军绿）显得沉稳和安全。高明度的绿色显得轻松清新。

偏蓝的绿色（如青绿）显得冷静和沉稳，偏黄的绿色（如草绿）显得有活力。

（5）青色

青色给人的基本感受是清爽、冷静、科技感，能给人带来平静的感觉。

高纯度的青色显得现代和清晰，低纯度青色显得沉静。高明度青色（如淡青）显得柔和。

偏绿的青色显得自然，偏蓝的青色显得理智。

（6）蓝色

蓝色给人的基本感受是冷静、理性、信任，常与专业性和可靠性相关。

高纯度的蓝色显得深邃而冷静，低纯度的蓝色（如灰蓝）显得柔和而舒适。高明度蓝色（如天蓝）显得轻快。

偏绿的蓝色显得自然和平和，偏紫的蓝色（如靛蓝）显得高贵和神秘。

（7）紫色

紫色给人的基本感受是神秘、优雅、浪漫，带有梦幻感。

高纯度的紫色显得高贵和神秘，低纯度紫色显得朴素和稳重。高明度紫色（如浅紫）显得温柔。

偏蓝的紫色显得冷静且神秘，偏红的紫色（如洋红）则显得温暖而浪漫。

加黑的紫：深沉、含蓄、生硬、渴望、虚伪、自卑。

加灰的紫：沉稳、和谐、中性、腐烂、衰老、回忆、矛盾。

（8）白色

白色属于无彩色，明度最高，与所有颜色搭配都能呈现很好的视觉效果。白色的心理特性：爱情、纯洁、明快、神圣、清白、真理、朴素、正义感、光明、失败。

（9）黑色

黑色属于无彩色，明度最低，给人以温暖的感觉。黑色是一个很特殊的色，是消极色，本身无刺激性，可与其他色彩配合，能增强刺激，具有很好的配色效果。

黑色的心理特性：刚正、严肃、力量、沉着、坚硬、黑暗、葬礼、死亡、恐怖、罪恶、沉默、绝望、悲哀。

二、穿衣用色基本法则

（1）在服饰的整体搭配中，切忌色彩种类过多，一般 3~5 种最为合适。

（2）在几种色彩的搭配中掌握主色、辅助色、点缀色的用法。主色是占据全身色彩面积最多的颜色，占全身面积的 60% 以上。辅助色是与主色搭配的颜色，占全身面积的 40% 左右。点缀色一般只占全身面积的 5%~15%。

（3）在整体服饰色彩搭配中，要选择一种冷色调或暖色调作为全身主色调，色彩的冷暖要一致。

（4）在服饰色彩的层次上，也要注意选择适合的明暗色调。过于单一的明暗色调容易产生平面、呆板的感觉，通过不同面积和层次的明暗对比，可以让整体服饰造型产生丰富的变化空间。

三、服饰色彩搭配建议

（一）常用配色方法及视觉效果

1. 相邻色搭配

将色轮上相邻的颜色组合在一起，能形成和谐、统一的视觉效果。这种搭配方式由于色彩彼此接近，所以看起来比较柔和自然，不会产生强烈的对比，适合营造优雅、舒适的风格。

2. 同色系搭配

所谓的同色系，就是相同颜色的深浅变化。例如：桃红色、粉红色、紫红色，是红色系，黄绿色、草绿色、橄榄绿，是绿色系。若采取全身穿着同色系色彩“深深浅浅”的搭配方式，比如青色配天蓝色、墨绿色配浅绿色、咖啡色配米色、深红色配浅红色等，显得柔和文雅，可以让整体造型呈现出活泼又协调的美感。

3. 对比色搭配

（1）强烈色配合

“强烈色配合”这一原理基于色彩理论中的“色相环”，即色环上相对位置较远的颜色被称为对比色。对比色搭配能给人带来强烈的视觉效果，通过大胆、鲜明的色彩对比来提升整体的时尚感和吸引力。例如，可以选择将大面积的纯色与小面积的对比色组合在一起，或者通过配饰如包、鞋、围巾等来点缀对比色，以平衡整体效果。

（2）补色配合

“补色配合”是指将色轮上彼此相对的两种颜色进行搭配。这两种颜色互为补色，结合时能产生强烈的视觉对比效果，同时也相互增强对方的色彩饱和度，使搭配更加鲜明、生动。例如，红色和绿色的搭配常用于节日装饰中，因为这种搭配让人充满热情。

（二）服饰色彩场合协调法

在正式场合（商务会议、婚礼等）中，通常适合选择低调、经典的颜色，如黑色、灰色、深蓝等。这类颜色传递出严谨、专业和端庄的气质，与正式场合的气氛相吻合。可以在配饰或小细节上加入柔和的颜色，如浅蓝、米白或金属色，以增加层次感。在较为轻松的环境（朋友聚会、旅行等）中，可以大胆运用明亮、轻快的色彩，如黄色、绿色、粉色等，以表现活泼和愉悦的心情。休闲场合的气氛通常轻松、愉快，因此色彩选择可以更加自由、随性，但要避免颜色过于杂乱。

在户外自然光充足的环境中，较为亮丽的色彩不会显得突兀，反而可以与周围的自然环境形成良好的互动，如穿着白色、天蓝色或黄色等，会显得更为明快清新。在室内或低光环境中，深色系的服装通常能够很好地适应环境，因为室内灯光较为柔和，深色系服饰如黑色、灰色、深紫等能与温暖的灯光色调形成协调。如果是在高亮度、强光源的人工灯光下，可以选择中性色调的服饰。

（三）服饰色彩季节协调法

春夏季节适合选择清新、明亮的色彩，如浅绿色、粉色、浅蓝色、橙色等。这些色彩与周围自然环境中的花朵、绿叶等相呼应，给人清爽、明快的感觉。此外，轻薄透气的面料如棉麻、丝绸也更适合与这些色彩搭配，可以营造出轻盈的氛围。

在秋冬季节，适合选择较为深沉、厚重的色彩，如深棕色、橄榄绿、酒红色、深蓝色等。这些色彩与秋冬季节的自然色调（如落叶、沉稳的大地色系）协调一致，同时也与厚实的面料如羊毛、呢料等相匹配。

（四）服饰色彩体型协调法

肥胖者可以通过颜色搭配来拉长身形，突出优势部位，淡化体型的圆润感。深色（如黑色、深蓝色、深灰色、深棕色等）具有收缩效果，能在视觉上看起来显瘦。深色有助于减弱身体轮廓的膨胀感。在深色系为主的基础上在局部使用亮色（如围巾、领巾、包包等配件），可以引导视觉焦点，强调身体上相对纤细的部分（如肩部、颈部、手腕等），转移人们对腰部或腹部的关注。

瘦小者进行色彩搭配的主要目标是增加身体的立体感和存在感，避免显得过于纤弱或比例失衡。浅色（如白色、米色、淡蓝色、浅灰色等）有膨胀效果，能让身形显得更饱满、充盈。瘦小者可以大胆尝试浅色系，特别是浅色上装，可以在视觉上增加身体厚度。相较于肥胖者，瘦小者可以大胆选择大面积的图案或横条纹。这类图案能在视觉上增加身体宽度，不会显得过于单薄。尤其是横条纹能够拉宽身形。

（五）服饰色彩性格协调法

外向的人通常活泼、热情、乐于交际，倾向于通过穿搭表达自我。这类人可以选择更鲜艳、明亮的颜色来传递他们积极乐观的态度。这类人可以大胆地使用色彩对比，例如红色和蓝色、黄色和紫色的撞色搭配，给人强烈的视觉冲击力；或者在配件上使用亮色点缀，增添个性化元素。

内向的人通常给人留下安静、沉稳的印象，喜欢保持低调。他们可以选择一些柔和、低饱和度的颜色，既能凸显他们的性格特征，又不会显得突兀。同色系搭配或柔和的渐变色搭配可以让内向者整体的穿搭更和谐。内向的人宜避免选择过于鲜艳的颜色，以免与个性不符。

自信果断的人在穿搭上可以选择一些深色系的颜色，来增强他们的气场和控制力，如深蓝色、酒红色、黑色、棕色、墨绿色、深紫色，这些颜色给人一种专业和可靠的感觉。这类人可以选择简洁利落的剪裁和单一的主色调，通过细节上的质感（如高级面料或金属饰品）来提升整体气场。

第三节　基于流行的服装搭配

一、流行的定义与特征

（一）流行的定义

流行是一种客观存在的社会现象。流行即流动与风行，泛指在一定的时间、一定的空间范围内，某一事物被一定数量的人群所接受、认同并互相模仿、追随。它反映了人们在日常生活中某一时期内共同、一致的志趣和爱好，具有迅速传播而盛行一时的特点。它不仅反映了大部分人的意愿和需求，还体现了某一时期人们的精神风貌、生活方式、价值观念、情感生活。

（二）流行的特征

流行又称时尚，具有新奇性、相互追随效仿及短暂性。所以，流行具有以下特征。

（1）时效性——流行是在一定时间和空间范围内被大多数消费者接受并形成一股潮流的现象，因此流行具有很强的时效性。与流行有联系的一定是时空观念。

（2）周期性——流行具有周期性。循环往复、周而复始是事物发展的一般基本规律。周期循环间隔时间的长短与事物的变化有关，质变的间隔时间长；量变的间隔时间短。质变是指一种设计格调的循环变迁，一种服饰的款式可能会变，但风格不变，若干年后它又会以一种新的面貌出现。

（3）文化性——指某一类服饰的风格和设计理念。它不仅浓缩了人们的生活方式，也反映出不同的着装风貌，显示出人们的生活水平、消费观念以及个人的人生理想和人文素质。

（4）创新性——对流行的把握关键在于密切观察时代的脉搏，要从昔日的流行当中，或从经典作品，或从当代设计大师，或从新出现的生活方式中，寻找灵感，并从中发现新的形式、新的比例、新的材质、新的组合方式以及新的设计灵感。

二、服饰流行的规律

（1）竞进反转的规律：流行总是朝着有特色的方向竞进发展，如“长”会在流行中变得更长，“宽”会变得更宽。最后产生反转，继而终结这种流行，开始另一种新颖的、合理的流行。

（2）速度递增的规律：服饰流行的速度是递增的。19 世纪每 30~50 年变化一次；20 世纪前期每 20 年变化一次；20 世纪 70 年代后每 10 年变化一次；20 世纪 90 年代每 3 年变化一次；21 世纪，网络时代来临，流行变化的速度更快。

（3）循环往复的规律：设计师并不需要不断创新，只需要在合适的时候拿出合适的款式。服饰的循环不是简单的重复，更确切地说是一种螺旋上升。每一次旧款的回潮都会反映出因时代的变化而产生的创新。如色彩再现而面料质地变化，款式相似但搭配手法不同。回顾服装史，我们会发现，其实很多款式在历史上早就出现过、流行过。

（4）系列分化的规律：即从一个母体出发，分化成若干子型。如东方风的流行分化出中式礼服、中式职业套装、中式休闲装。系列分化可以有用途分化、材料分化、年龄分化、品质分化等。掌握这一规律，可在发挥母体特点的基础上，结合不同的市场定位，设计出一系列适销对路的流行服饰。

（5）逆行变化的规律：指服饰流行到一定阶段，会向其相反方向发展的规律（钟摆式运动规律）。这是由人的喜新厌旧心理造成的。

①服饰风格的逆行变化：传统风格—前卫风格，女性化风格—中性化风格，烦琐风格—简约风格，田园风格—都市风格。

②款式造型上的逆行变化：裙摆的长—短，腰节线的高—低，款型宽松—款型紧窄。

③色彩上的逆行变化：明—暗，鲜明、明快—柔和、中性。

④材料上的逆行变化：朴素—华丽轻薄—厚重。

一般来讲越是夸张的款式，流行的周期就越短；越是简洁的款式，流行的周期就越长。经济繁荣，消费水平高，服饰的更新速度就快，周期就短；经济低迷，消费水平低，服饰的更新速度就慢，周期就长。

三、服饰流行元素在搭配中的应用

（一）服饰流行元素

（1）外轮廓：服装的廓形敏锐地反映着流行的特征，它是某个时代服装风貌的体现。轮廓线的变化反映或传递着流行信息和流行趋势。

（2）材料：材料是服装的载体，是先于服装反映流行信息的。服装材料流行主要是面料、色彩、肌理、纹样的流行。尤其是服装发展到今天，很多的廓形、款式已经出现过，新意更多地体现在材料上。

（3）色彩：色彩在服装中处于主导地位。流行色也是通过专门机构发布的，每一年的流行色都是不同的。

（4）结构造型：结构造型可以体现出流行特征，因此，结构有流行和非流行之分。时代文化会反映在服装结构上，或紧身或宽松，跟随社会时尚而变化。

（5）细节与工艺：服装都有不同的细节，细节能反映出流行的特点，也是商业促销的卖点。

（二）流行元素的对应选择

每个流行季都充斥着许许多多来自各种渠道的流行信息，巨大的信息量会使人们无从选择，造成信息恐慌。这就要求我们具备很强的信息处理能力，要善于在浩如烟海的信息中提炼最基本的流行元素并加以利用。

（三）流行与个性的结合

个性中体现着流行的三层境界：第一层是和谐，第二层是美感，第三层是个性。

1. 穿着和谐

服饰流行是没有尽头的，无数的服装设计师在日复一日地制造时尚，新的流行没有尽头。不要太注重品牌，这样往往会让我们忽视内在的东西。一些基本的服饰是我们衣柜中必不可少的搭配单品，比如及膝裙、粗花呢宽腿长裤、白衬衫……这些都是“衣坛常青树”，历久弥新，哪怕再过10年也不会过时。

2. 体验美感

美感的体验是个体对事物细致入微的感知。每个人对美的理解和感受都不同，因此在穿搭中，关键是要培养对细节的敏感度。比如，如何使一件简单的白T恤通过面料质感、版型设计或配饰搭配，变得有个性和层次感。这需要个体通过不断地尝试、观察和调整，逐渐找到最适合自己的搭配方式。

3. 建立自己的着装风格

真正有吸引力的着装风格不是盲目追随流行，而是在流行元素的基础上，找到自己的风格。通过长期探索自我特质和审美倾向，确定自己偏好的风格类型（例如优雅、复古、街头、极简等）。在日常穿搭中，可以对流行元素进行适度借鉴和改造，使之与自己的风格一致。

第四节　基于场合的服装搭配

一、服装搭配中的 TPO 原则

时间原则（TIME）：选择服饰应考虑时代、季节、早晚。

地点原则（PLACE）：选择服饰应考虑将要到达的环境与地点。

场合原则（OCCASION）：选择服饰应与特定场合的气氛和规格相协调。

注意要点：

（1）穿着要和年龄协调。

（2）穿着要和形体条件协调。

（3）穿着要和职业协调。

（4）穿着要和环境协调。

二、职场、面试着装的搭配技巧

（一）根据职业选择面试装

正规的面试装能够体现一个人的专业素养和对面试的重视程度。在职场中，着装是个人形象的一部分，能够直接影响面试官对求职者的第一印象。大学生选择正规的面试装，可以展示出对职位的尊重和对面试的重视，展现自己的职业态度。相反，如果穿着过于随意或不合时宜，可能会让面试官认为求职者缺乏对面试机会的重视，甚至认为求职者不具备基本的职业礼仪。

（二）职场服装类型

职场四大服装类型和行业 / 职业穿着总体分类如表 5-4-1 和表 5-4-2 所示。

表 5-4-1　职场四大服装类型

正式套装类	专业外套类	亲和得体类	休闲放松类
严谨套装（裙或裤）	挺括外套	非挺括外套	无外套
低跟鞋	专业中透着轻松	轻松不失专业	休闲放松
中规中矩的配饰	精致简洁的配饰	舒适简洁的配饰	舒适放松的配饰

表 5-4-2　行业 / 职业穿着总体分类

行业 / 职业类型	行业 / 职业名称	行业 / 职业形象
传统类	政治、法律、金融、保险、销售、高端酒店服务业、大型国有企业等	严谨、保守、正统、诚实、可靠、稳重、信任、专业
亲和类	教育、科技、电子、制造、医疗等	亲和、专业、端庄、可靠、自然、热情
个性类	广告、设计、传媒、娱乐、艺术、时尚、建筑、出版等	个性、专业、创意、时尚、活力、热情、新鲜
统一 / 制服类	航空、交通、军队、特定政府机构（警察、海关、税务等）	权威、专业、严谨、稳重、可靠、信赖

（三）女性职场着装风格

1. 庄重大方型

适合教育、文化、咨询、信息和医疗卫生等行业的职业女性。

庄重大方型的女性通常选择经典的西装套装、深色连衣裙或简洁的衬衫搭配西装裤 / 裙。颜色多以黑色、深蓝色、灰色等沉稳的色调为主，不要出现过于花哨的图案。妆容以自然为主，突出健康、干净的肌肤状态和淡雅的唇色，眼妆简单但不失气场。

2. 成熟含蓄型

适合保险、证券、律师、公司主管、公共事业和公务员。

可以选择柔和的色调，如米色、浅棕色、驼色、浅灰等。服装款式上可选经典的职业装，但在设计上可以带有一些细节，比如有腰带的连衣裙、半身裙搭配温柔色调的针织衫等，显得优雅而含蓄。妆容上可以使用温暖的色调，如棕色、粉色等，眼妆自然柔和，唇色以裸色或豆沙色为主，展现出成熟、亲切的气质。

3. 素雅端庄型

适合科研、银行、商业、贸易、医药等职业女性。

这类职业女性的穿着除了要符合身份、清洁、舒适外，还须以不影响工作效率为原则，只有这样才能适当地展现女性的气质与风度。

4. 清纯秀丽型

适合网络、计算机、公关、记者、娱乐职业女性。

清纯秀丽型的职场女性可以选择色彩较为明快的服装，如浅蓝色、粉色、白色等。可以搭配小西装外套、衬衫、连衣裙等，使整体风格简洁且清新。妆容上追求自然清新，以轻薄底妆和粉嫩腮红为主，眼妆简约，唇色可以选择淡粉色或珊瑚色，展现出健康、朝气蓬勃的状态。

（四）男性面试着装技巧

男性面试穿戴建议以简单、舒适为主，因为领导希望看到的是一个清爽干练的智者，而不是华丽花哨的模特。

色彩：选择白色衬衫，给人做事稳重，不求突破，但求顺利的印象。蓝色是一种沉静、稳定的颜色，象征着深远、稳重。根据亚洲人的肤色，冷静、智慧的深蓝色会是上上之选。灰色或者银灰色都能体现整洁、柔和、雅致的特点，产生平易近人、文雅的效果。

面料：优质的纯棉面料能让求职者一整天保持舒适。尤其在初春时节，它既呵护了求职者敏感的皮肤，又具备手感柔软、吸水透气、无静电反应、无起毛现象等众多优点。

面试中要避免的服饰：

（1）脏皮鞋：皮鞋是最能展现一个人精神面貌的单品。干净的旧皮鞋远胜于肮脏的新皮鞋。穿着脏皮鞋的人，让人一看就觉得不可靠、办事不利落。

（2）旧皮带：皮带是搭配正装的重要配饰。尤其是需要用领带和皮带打造亮点的男士，一定要穿戴得端正清爽。破旧的皮带会破坏整体造型。这一点同样适用于女性。皮革材质的腰带是求职者的首选。

（3）破洞牛仔裤：也许有些公司允许员工穿休闲风格的衣服。但是，就算是可以彰显个性的职业，也最好不要穿破洞牛仔裤。在与客户开会时，如果穿破洞牛仔裤，对方对我们的信赖度会大大降低，而且也会让对方感到不愉快。

（4）华丽的印花服装：华丽的印花服装会让面试官觉得求职者很慵懒散漫，像一个来公司度假或参加聚会的人。如果想穿印花系列，可以选择有淡淡印花的围巾或披肩，也可以在外套里配一件色彩艳丽的打底衫。

（5）皱巴巴、有污渍的衣服：穿着皱巴巴的衣服去面试，就如同向人宣布自己是个懒惰的人。男性尤其要多注意领带上有没有沾上污点，西装有没有污渍。

（6）华丽的饰品：太过夸张或耀眼的饰品会给面试带来不便，让人觉得碍手碍脚。

三、特殊场合的搭配

（一）宴会等正式场合

（1）挑选服装不仅需要考虑场合的礼仪要求，还要考虑个人的身材特点、品位以及整体气质。首先，要准确了解自己的身材类型，因为不同的身材适合不同的服装风格。沙漏形身材（X 形）适合修身的连衣裙、腰部收紧的服装，如紧身上衣搭配 A 字裙，可以突出腰线的款式；矩形身材（H 形）适合带有层次感和细节设计的服装，比如荷叶边、褶皱设计，搭配宽腰带，营造曲线感；梨形身材（A 形）适合突出上半身的款式，如有泡泡袖、夸张肩线设计的上衣。下半身宜选择深色系裤子或裙子，以平衡身材比例。成熟、有韵味的女性或稳重、有内涵的男性适合经典剪裁的西装、修身连衣裙、经典配色（黑、白、灰、深蓝等）搭配珍珠或金属饰品；追求潮流和个性的年轻人可选用带有时尚元素（如拼接、撞色、夸张图案）的礼服或配饰，尝试不同的材质（丝绸、蕾丝、天鹅绒）及配色（宝蓝、亮银、金色）。追求干练气质的职场人士或崇尚极简风格的人应穿纯色、剪裁利落的西装或连衣裙，选择极简主义的设计，没有过多装饰，配以简约的配饰和鞋款。

（2）在选择服装时，兼顾实用性和经济性是非常重要的。巧妙选择服装并合理搭配，不仅可以适应多种场合，还能最大化衣物的使用价值，从而达到多次穿着的目的。

经典款式的服装具有较长的使用周期，不容易过时，适合多种正式场合。这类服装通常简约大方，易于与其他衣物搭配，对于男性来说，一件剪裁得体的深色西装，如黑色、深蓝色或灰色，适用于婚礼、公司晚宴、颁奖典礼等场合；对于女性来说，经典的黑色连衣裙（如“小黑裙”）搭配不同的配饰与鞋子，可适用于多种场合。

高质量的面料不仅能提高穿着舒适度，还能延长服装的寿命。面料应选择适合正式场合的，如羊毛、呢料西装或外套，耐穿、抗皱、看起来不廉价；丝绸、缎面礼服，晚宴连衣裙看起来更加优雅和正式。

功能性较强的服装适用于多种场合。例如西装三件套（外套、马甲、裤子），男性既能单独穿外套出席较轻松的商务活动，也能全套穿着去参加正式宴会；一些女性礼服则有可拆卸的设计，如裙摆长度可调，使她们能在不同场合灵活变换造型。

配饰是增强服装功能性的关键。男性可以通过不同颜色的领带、领结、口袋巾等小物件，改变同一套西装的风格，如深蓝色西装搭配红色领带和口袋巾适合更正式的场合，而搭配浅色领带则显得更轻松随意。女性选择则更多，可用不同的珠宝首饰、披肩、手包和鞋子来搭配，让同一件连衣裙在不同场合呈现出不同的感觉。

（3）服装造型建议如下。

中式风格服饰：中式服装以典雅和端庄为特色，常见的有旗袍或改良中式礼服。旗袍剪裁紧身，能凸显身材线条。旗袍通常由丝绸、锦缎等高档面料制成，配以精美的刺绣或花纹。色彩上，黑色、红色、深蓝等经典颜色最为常见，但需根据个人气质和场合的正式程度选择。场合越正式，颜色和装饰越低调优雅。中式服装的搭配相对简洁，通常选择玉佩、丝绸披肩或手拿刺绣小包。翡翠、珍珠等传统饰品能增添气质。

西式晚宴服：西式晚宴服主要是指长款晚礼服或正装礼服，选择礼服时需考虑场合的正式程度和自身的身材特点。长款的拖地礼服是正式晚宴场合的首选。露肩、鱼尾、A 字裙等都可以展现高贵典雅的气质。面料上，缎面、雪纺、蕾丝等高档材质较为常见。深色如黑色、酒红、深蓝等是安全的选择，而浅色如象牙白、浅粉或金色适合较为轻松的晚宴场合。对于半正式的晚宴，女性可以选择稍短一些的礼服，如膝盖以上的小礼服。小黑裙是经典百搭之选，搭配精致的高跟鞋和配饰能迅速提升气质。

装饰搭配品：配饰应起到画龙点睛的作用，既能提升整体气质，又不喧宾夺主。西式服装可以选择珠宝或金属类饰品如钻石、珍珠、金银首饰。项链的长度应与礼服的领口相协调。耳环和手镯应根据发型和整体风格选择，以简约大方为主。小巧的晚宴包或手提包通常要与礼服的颜色或材质相呼应。闪亮的金属色或宝石色手提包适合搭配简单的礼服，而素色小包则适合带有花纹或复杂设计的服装。高跟鞋是晚宴的标配，女性应选择与礼服颜色协调的鞋子。经典款如尖头高跟鞋或露趾凉鞋可以增添优雅感。

发型妆容：发型和妆容既要突出个人气质，又要得体。中式礼服搭配的发型通常偏向于典雅的盘发，可以加以简单的发簪或头饰，突出古典美感。而搭配西式晚礼服时，可选择优雅的卷发、半扎发或盘发。头发要整洁，有时可搭配金属发夹或珍珠发饰增添精致感。妆容的重点在于突出气质，不宜过于浓重。正式场合下的妆容建议选择自然的底妆，突显皮肤的光泽感。眼妆应优雅、精致，通常选择大地色、玫瑰色等温和色调。唇妆可以稍微浓烈一些，红色或深玫瑰色的唇膏常能提升整个妆容的精致度。

（二）时尚派对

（1）个性派对

个性派对强调表达自我风格，参与者可以大胆运用色彩和图案。参与者可以尝试混搭不同风格的服装，比如复古、街头、前卫等，可以选择个性化配饰，如夸张的项链、耳环，或者别致的帽子，彰显个人独特的审美。

（2）鸡尾酒会

鸡尾酒会通常要求半正式的着装，虽不用像正式晚宴那么严肃，又要保持一定的品位。女性可以选择鸡尾酒礼服（cocktail dress），一般长度在膝盖附近，可搭配高跟鞋和精致配饰。男性可以选择深色西装或正装外套，搭配衬衫和皮鞋，不一定需要打领带，但要显得干练。

（3）主题派对

主题派对的服装完全取决于主题。例如，复古主题派对可以选择20世纪某个年代的复古装；夏威夷风情派对可以选择花衬衫和沙滩装。主题派对通常鼓励派对参与者尽可能融入主题，可以大胆发挥，但同时确保服装舒适、适合活动氛围。

（4）约会派对

约会派对的服装搭配需要表现出个人的时尚品位，同时保持轻松自在。女性可以选择优雅但不过于正式的连衣裙，搭配适合的首饰和舒适的鞋子。男性可以选择休闲西装外套或整洁的休闲装，搭配时尚但不过于夸张的鞋子。整体搭配需要注重细节，要干净利落，展现自信。

第五节　基于材质的服装搭配

一、服装材质与服装造型

（一）悬垂飘逸的服装造型

柔软、悬垂感好的面料，比如丝绒、重磅真丝、化纤仿真丝、精纺薄型毛呢等，最适合塑造线条柔顺、舒展自然、悬垂飘逸的服装廓形。使用此类材质制作的大摆裙、长风衣等，在运动中会更能体现韵律感。

（二）华丽高贵的服装造型

柔软、有光泽、轻薄的织物和绸缎及亮片类材质适合制作高雅华贵、亮丽性感的礼仪服装，展示女性的优美曲线与性感妩媚。

（三）挺括硬朗的服装造型

职业套装、西装、西裤、大衣、直筒裙等服装具有挺括、平直、硬朗的廓形，精纺毛料、化纤仿毛面料及粗纺呢绒、皮革制品等因质地细密平整、硬挺而成为此类服装造型的理想材质。硬挺的服装面料加上合体的服装款式，对偏胖或过瘦的体形都具有较好的修饰作用。

（四）紧身适体的服装造型

紧身适体的服装有包臀裙、铅笔裤等。服装与人体之间几乎没有松量，为了使人体感到舒适，必须选择伸缩性和弹性极佳的材质，比如针织罗纹面料、弹力棉等，这类服装能够真实反映体型面貌。

（五）宽松舒适的服装造型

这类服装造型常以休闲服装种类为主，棉麻面料具有质地坚韧、吸湿、透气、朴实、简约的特点，经常被用来制作宽松舒适的服装。

二、合理运用材质塑造服饰形象

材质是构成服装的物质基础，在进行服饰选择与搭配时，材质选用是不容忽视的关键因素。在把握自身形体条件的基础上，根据各种服装材质的特点与风格，找出人体与材质间的对应关系，最终达到合理利用材质塑造服饰形象、弥补体形缺陷的目的。

（一）不同体形人群着装材质选择

通俗来讲，人体体形主要分为瘦削骨感体形、丰满圆润体形、匀称体形和特殊体形。

1. 瘦削骨感体形

瘦削骨感体形身材扁平、骨骼清晰、关节部位突出，又称皮包骨式体型。这类体形在春秋季节应选择挺括平整的材质，如毛、麻织物，各种化纤混纺织物、涂层面料及较厚的牛仔面料、条绒面料、皮革材料等，以此增加丰满感。在冬季，粗厚蓬松的毛呢面料是适宜的选择。瘦削骨感体形一定要避免穿着柔软悬垂材质的服装，易暴露体形的不足，即使在夏季也应以棉麻材质为主。如果一定要选择柔软飘逸的材质，也要注意选择褶皱丰富、层叠设计的样式。另外光泽感较强和肌理感强的材料也比较适合瘦削骨感体形。

2. 丰满圆润体形

丰满圆润体形身材饱满、浑圆，又称肉包骨式体形。此类体形应选择柔软悬垂的面料，如各类精纺呢绒、软缎、各类丝绒、针织面料等，这类面料穿着时依附于人体，有显瘦的效果。丰满圆润体形应避免选择粗厚蓬松、薄而透明以及光泽感较强的材质。

3. 匀称体形

匀称体形身材均匀、比例和谐，是一种理想的体形。在材质选择上范围比较广泛，光泽感的、挺括平整的、柔软悬垂的、有伸缩性的、比较厚重的材质都比较适合。在选择材质时要注重材质之间的风格组合，以及与自身气质、肤色的适配度。

4. 特殊体形

特殊体形是指身材的某个部位不太理想，如下肢粗胖、胸部扁平、肩部下垂等。我们可以依靠服装款式与局部造型掩饰身材的缺陷，还可以利用材质突出身材优势。比如身体某个部位需要弱化的，就选用柔软悬垂的柔性材质，需要强调或加强的部位宜采用身骨挺括、平整的材质。

除了从整体上了解服装材质与体形的对应关系，我们还可以利用材质上花纹图案的大小、疏密、形状与排列方式以及材质的肌理修正体形。

（二）利用材质的图案与肌理塑造服饰形象

1. 丰满圆润体形的选择

丰满圆润体形适合选择密集度较高的小花朵、竖条纹图案，应尽量避开大花纹或醒目的几何图案，如横条纹、大方格等。如果为了收缩形体，在服装的色彩上采用了比较单一深色系，则可以搭配别致、醒目的服饰配件，从而为整个造型增添活力。

2. 瘦削骨感体形的选择

瘦削骨感体形需要利用图案与花型达到丰满体形的目的，所以横条纹或者色彩对比强烈的图案、花型、方格以及面料上的立体装饰、凸出的肌理都是适宜的选择。

3. A 形体形的选择

上半身瘦而下半身较胖的 A 形体形，可以通过穿着带有花朵或圆点图案的上衣来增加上半身的视觉体积。同时，下半身选择深色系的服装可以起到视觉收缩的效果，这样整体造型会更平衡，体形会更加匀称。

4. 娇小体形的选择

娇小体形是指身高在 155 厘米以下比较匀称的体形。在服饰图案的选择上，要尽力掩饰体态矮小的缺陷，要使身材显得高挑，在选择服装时上衣宜选用精致的单独纹样，下装宜选用竖向细条纹样式。

当然我们还可以利用同质面料间的组合，不同质地、不同风格的面料组合与搭配来塑造服饰形象。

（三）利用材质组合与搭配塑造服饰形象

1. 相同质地面料间的组合

将质地、色彩和风格相同的面料搭配在同一套服装中，能够营造出和谐统一的视觉效果。这种组合由于各方面协调一致，易于取得稳定的服装表现，但也可能显得缺乏个性。因此，为了避免单调，在形态、纹理、表现方式以及结构上，需要进行适当的变化和对比，营造有活力的视觉效果。

2. 不同质地、不同风格的面料组合

（1）不同材质的对比搭配

材质的对比能够增加层次感，使整体造型更丰富。以下是一些经典的搭配方式。

①针织 + 皮革

针织面料柔软温暖，皮革则坚韧有型，两者组合可以形成质感对比，既舒适又时尚，例如针织毛衣搭配皮裙或皮裤。

②丝绸 + 羊毛

丝绸光滑轻盈，羊毛保暖厚重，两者组合可以在正式场合创造温暖且不失华丽感的效果，比如丝绸衬衫搭配羊毛西装外套。

③牛仔 + 蕾丝

牛仔粗犷随性，蕾丝轻盈精致，这样的组合既随性又柔美，例如蕾丝上衣配牛仔夹克。

（2）光泽感材质与哑光材质的结合

光泽感面料和哑光面料的组合能够使穿搭更有层次感，比如：

①亮面丝绸 + 哑光棉麻

亮面丝绸有奢华感，而棉麻面料有质感朴素，两者组合能在日常或半正式场合产生微妙的平衡感。

②金属感面料 + 哑光面料

在时尚前卫的搭配中，可以尝试将金属光泽的面料与哑光面料组合在一起，营造强烈的视觉冲击，比如金属光泽的夹克搭配哑光的黑色长裤。

（3）不同厚薄质地的搭配

厚重与轻薄面料的组合不仅能丰富整体的造型，还能根据季节需求灵活调整穿搭。例如以下几种搭配。

①轻薄纱裙 + 厚实毛呢外套

这种搭配可以在寒冷的天气中保持温暖，同时展现出轻盈、柔美的气质。

②雪纺上衣 + 牛仔裤

轻盈的雪纺上衣可以增加女性的柔和感，搭配相对较厚的牛仔裤，形成出一种优雅与休闲的对比。

（4）风格相异材质的组合

不同风格的面料组合可以打破传统的穿搭界限，创造出独特的个人风格。比如以下几种组合。

①运动风 + 奢华风

可以将运动风的材质如尼龙或聚酯纤维与奢华风的丝绸或天鹅绒结合，创造混搭风格。例如丝绸吊带裙搭配运动夹克或运动鞋。

②工装风 + 轻奢风

如棉质的工装或帆布面料与较为奢华的丝绒或皮革相组合，可以在强调硬朗的同时带入一丝精致感。

第六章　服装配饰搭配技巧

服装配饰搭配是提升整体造型精致度和时尚感的关键。巧妙地运用配饰，不仅可以突出个人风格，还能让基础款服装变得更有特点，整体造型更加和谐统一。本章主要内容为服装配饰搭配技巧，主要从四个方面进行了阐述，分别是领带的搭配，丝巾、围巾的搭配，包的搭配，其他配饰的搭配。

第一节　领带的搭配

一、领带种类与适合的场合

（1）素色领带：带有同色条纹的领带也归为素色领带。根据领带颜色不同，可分为传统的和前卫的。太前卫、太亮丽的颜色，一般不可在商务场合中使用。

（2）条纹领带：根据颜色、条纹、面料，和西装、衬衣相配，可以用于商务与休闲场合。

（3）小花领带：指素色背景上有圆形、钻石形、小方形等图案的领带。

以上三种领带，在职业场合中用得比较多。但在搭配西装、衬衣时，要避免选大条纹、大反差颜色的服装。所以搭配以上三种领带时，犯错误的机会不多。

（5）俱乐部领带：在素色背景上加一些传统图案，比如运动徽章、动物图案等。这种领带可以是保守的，也可以是娱乐型的。一般而言，适合休闲时佩戴，正式社交场合最好不要选择此类领带。

（6）方格领带：大部分可与休闲服装相配。这种图案的领带由羊毛、棉、麻原料制成，一般与休闲装中相同面料的外衣搭配。

（7）多色多图案的领带：由图案加条纹，或两种以上的图案组成，颜色可以是两色或两色以上。选用这种领带，需要有比较高的搭配技巧。如果选择得体，这款领带会为我们增添光彩。小图案、颜色不太复杂的领带，适合职业场合；大图案、夸张图案、多颜色的领带，适合休闲场合。

二、领带和服装的搭配技巧

（一）领带与西装、衬衫的颜色搭配

（1）黑色西服

白色衬衫是经典的选择，适合正式场合，搭配黑色西服能显示出简洁和优雅。浅灰色衬衫或浅蓝色衬衫也可以与黑色西服形成微妙的对比，增加视觉层次。

黑色领带（特别是细领带）或深灰色领带能显示整体的庄重感。

酒红色领带或深蓝色领带可以增添一丝色彩，同时不失优雅。

（2）灰色西服

浅蓝色衬衫或粉色衬衫可以为灰色西服增添一丝柔和感，这样的穿搭适合商务或稍微休闲的场合。

深蓝色领带与灰色西服非常搭配，是商务场合的经典组合。

酒红色领带或暗紫色领带也可以为灰色西服增加色彩感。

（3）暗蓝色西服

白色衬衫依然是万能的搭配选项，能让暗蓝色西服更显清爽和正式。

红色系领带（如酒红色或暗红色）可以为暗蓝色西服增加一些对比色，凸显领带的亮点。

银灰色领带或紫色领带也能带来优雅而现代感。

（4）蓝色西服

浅蓝色衬衫与蓝色西服搭配能够形成不同的蓝色层次感，非常适合商务场合。

淡粉色衬衫或浅灰色衬衫也是不错的选择，能够为西服带来一些柔和的色彩。

深蓝色领带会与蓝色西服搭配较为和谐，而亮蓝色领带则可以与西服形成对比。

酒红色领带是蓝色西服的经典搭配，给整体造型增添一丝温暖感。

黄色或橙色系领带，虽然稍显大胆，但也显得有活力，适合半正式或时尚场合。

（5）褐色西服

米色衬衫能很好地与褐色形成柔和的对比，适合商务休闲场合。浅粉色或浅灰色衬衫也是不错的选择，能够给褐色西服增添些许时尚感。

橄榄绿领带或深绿色领带与褐色西服有很好的色彩对比，能够呈现自然的质感。

金色或黄色领带可以让褐色西服显得更有亮点，适合较轻松的商务场合。

（6）绿色西服

浅蓝色衬衫能为绿色西服带来清新感，适合稍微轻松的场合。

米色或淡粉色衬衫也能很好地与绿色形成柔和的对比，增加时尚感。

棕色系领带（如巧克力色或铜色）可以与绿色西服形成大地色调的搭配，显得十分自然且沉稳。

（二）领带与西装、衬衫的图案搭配

如果西装或衬衫有花纹，最好选择一条颜色相对简单或纯色的领带，以避免看上去过于复杂。如果穿条纹西装或衬衫，应选择相对简单的领带，如条纹间距不同的领带，或者选择纯色和图案简洁的领带。格子西装或衬衫建议搭配单色领带或图案较小、细致的领带，以免搭配显得杂乱。如果西装和衬衫都是纯色的，则可以选择带有简单图案的领带，如波点、条纹或小花纹领带。

（三）领带与衬衫领口的搭配

（1）标准领：标准领的领角开口适中，风格简约经典，几乎适合所有场合以及各种领带结，尤其是四手结和温莎结。标准领是一种百搭的领型，可以在商

务、正式或休闲场合使用。

（2）宽角领：领角间距较大（通常超过120度），展示了更多的领带区域，显得大气时尚，适合温莎结或半温莎结，这种领结较为饱满，可以填满宽角领的空隙。宽角领配合较大、对称的领带结会显得更加和谐。

（3）带扣尖领：领尖用扣子固定，源自运动装，休闲感较强。一般不适合过于正式的领带结，可以选择较小的四手结，甚至可以不搭配领带，直接敞开领口，营造出一种更休闲的风格。

（4）有襻领：在领尖下方有一条小带子，用来固定领带，形成更挺拔的领型，可使领带结更突出。由于领襻固定了领带，所以不适合太大的领带结，以避免过于拥挤。

（5）针孔领：领尖有小孔，通过一个装饰针固定领带，使领结更加突出。建议搭配较小的领带结，让装饰针成为视觉中心。不建议不戴领带或使用大领带结，因为装饰针是针孔领的核心设计元素。

（6）小方领：领尖呈圆形，显得复古典雅。小方领风格独特，适合搭配较小的领带结，如半温莎结，或者不搭配领带，选择一枚有质感的领针来装饰，可以营造出复古风格。

（7）冀形领：领尖如翅膀向外翻起，它是专为正式场合设计的，通常搭配晚礼服。冀形领通常与领结（尤其是黑色或白色领结）搭配，不适合普通领带。

（8）立领：没有翻折的领尖，直接立起来，设计简洁、无扣，具有强烈的东方风格。立领不适合搭配领带。通常作为休闲或时尚单品穿着，可以搭配简约的配饰（如胸针或项链）来增加造型感。

三、领带的不同系法

（一）平结

将领带绕在脖子上，宽边在右，窄边在左，宽边比窄边长一些；将宽边从窄边前方绕过，之后再绕过一次，使宽边在左侧；把宽边从领口底部绕过，穿过结前形成的环，从结的上方拉出；调整结并拉紧。

平结较小且略微不对称，简约随性；适合脖子较短、身材较纤瘦的人，适合日常商务场合或休闲场合。它是最基础且易于搭配的结法。

（二）双环结

和平结的开始方式一样，宽边在右，窄边在左；宽边从窄边前方绕过，然后绕回原位；再次将宽边从窄边前方绕过，进行第二圈绕结；把宽边从领口底部绕过，穿过结前形成的环，从上方拉出；调整结，确保双重环层叠整齐。

双环结比平结稍大、更加饱满，有双层结构感；适合脖子较长的人，搭配稍长的领带。它适用于商务场合，能让领带结看起来更厚实、正式。

（三）交叉结

宽边在右，窄边在左。宽边比窄边长一些；将宽边从窄边前方绕过，然后从结的下方向右穿过；将宽边从左侧向后绕过窄边，形成交叉结构；把宽边从领口底部绕过，穿过结前形成的环，从上方拉出；调整交叉结构，确保平整。

交叉结会在前部形成一个明显的“X”形，具有独特的视觉效果，适合想要在商务场合中想要成为焦点的人，这种独特的结法，适合稍长的领带和较正式的场合。

（四）双交叉结

和交叉结的开始类似，宽边在右，窄边在左，宽边较长；宽边从窄边前方绕过，从领口下穿过，然后从右侧绕回；重复上一步，形成第二个交叉；将宽边从领口底部绕过，穿过结前形成的环，从上方拉出；调整双重交叉的层叠效果。

双交叉结前有双重“X”交叉，非常个性且具有立体感；适合正式场合和需要彰显个性的场合，推荐使用较薄的领带。

（五）温莎结

宽边在右，窄边在左，宽边比窄边长；宽边从领口下方绕过，形成一圈；将宽边从前面横绕过窄边，穿过结后从上方拉出；再次绕过领口，从结前的环中拉出；调整对称并拉紧。

温莎结效果为大而对称的三角形结，十分饱满、正式；适合颈部较长、身材较高大的人；可搭配宽领的衬衫；适用于正式的商务场合和重要活动。

（六）亚伯特王子结

宽边在右，窄边在左，宽边较长；将宽边从窄边前方绕过两次，形成双层结；宽边从结前的环中拉出；调整结的双层效果，确保平整。

亚伯特王子结类似于双环结，但结更细长且层次感强；适合身形修长的人，适用于正式场合，特别适合带有亮面材质的领带。

（七）简式结（马车夫结）

宽边在右，窄边在左；将宽边绕过窄边，然后从领口下穿过，直接穿过结前的环；调整并拉紧。

简式结，顾名思义，即非常简洁的单结，较小且不对称；适合脖子较短的人，领口较窄的衬衫；适用于休闲和非正式场合。

（八）浪漫结

宽边在右，窄边在左；宽边从窄边前方绕过，形成单层结；宽边再从前绕一次，拉过领口底部；宽边穿过结前的环；调整结的松紧，略微拉松，制造浪漫感。

浪漫结是相对松散的结，显得自然优雅，较为随性；适合正式但不严肃的场合，如晚宴或社交聚会。

（九）半温莎结（十字结）

宽边在右，窄边在左，宽边较长；宽边从窄边前方绕过，再绕过领口后；将宽边从结前绕过并拉出，形成半对称的结；调整拉紧。

半温莎结是较为对称的中等大小的结，比温莎结略小；适合脖子长度适中、身材匀称的人。适合商务场合，介于正式和休闲之间。

（十）四手结

宽边在右，窄边在左；宽边绕过窄边，形成一个圈；宽边从领口底部绕过，穿过结前的环；调整结并拉紧。

四手结为稍微不对称、紧凑的小结；适合任何人群，是日常和休闲场合的理想选择。

第二节　丝巾、围巾的搭配

一、丝巾的挑选

（一）明确挑选丝巾的目的

首先，选择丝巾之前，要明确丝巾的用途，是修饰身形，还是弥补服装的缺陷。其次，要明确使用的场合，在此种场合中要呈现的形象，是干练优雅，还是活泼可爱，或只要舒服就可以了。

选购丝巾小贴士：

（1）将丝巾贴近脸部，看一看与脸色是否相配。

（2）将丝巾系成平时常用的形状进行试戴。

（3）丝巾要与体形及服装整体相配合。

（4）考虑与腰带、提包等小饰物搭配。

（5）后背效果和侧面效果也是不可忽视的。

（二）丝巾的色彩及图案挑选

挑选丝巾的颜色：从整体来看，最引人注意的是丝巾的颜色。与服装搭配时，丝巾的颜色是重要的考虑因素。丝巾大体可以分为冷色系和暖色系。

挑选丝巾的图案：（1）几何图形类，直线、方形、三角形等几何图案都属于这一类。此类图案的丝巾较中性，专业感强，适合搭配材质较好的正装。（2）线条柔和类，整体为圆形、螺旋形、花朵等较柔和的图案。此类图案的丝巾使用起来更具女性魅力，适合与裙装等呈现女性柔美气质的装束搭配。（3）具体图案类，此类丝巾的图案比较具体，多以整幅的图画为主，使用起来较随意，没有过多的限制。（4）色彩单一类，单一颜色的丝巾高雅大方，适合搭配时尚而简约的服饰，造型清新、干练，又不失女性魅力。

二、丝巾与服装的搭配

（一）丝巾与同色衣物的搭配

在丝巾与衣物的颜色搭配中，选择与身上所穿服装同样颜色的丝巾是最简单省力的方法，而与丝巾所呼应的服装也会因其穿着的位置不同而带来不同的效果。同时，丝巾和服装在材质上的统一或区分也能使整体富于变化。

（1）丝巾与上装颜色相统一：丝巾与上装颜色相统一时，最需要注意的就是上下装在重量感上的平衡。丝巾颜色较深时，应避免浅色下装，同时上下装的颜色也应该统一。

（2）丝巾与下装颜色相统一：当丝巾的颜色与下装相同时，由于中间隔着上装能使整体达到较好的平衡效果，此时上装不宜过长，特别是长丝巾与下装的颜色一致时，上装最好不要超过胯部。另外，要注意其他衣物的图案与款式不要过于花哨。

（二）丝巾与相近色衣物的搭配

丝巾除了在颜色上与衣物相统一外，还应在明度上保持一致。这种方法能使整体产生微妙而有层次的变化，是非常高调的搭配。

（1）丝巾与上装的相近色搭配：丝巾可以只与上装做相近色搭配，这个方法在上装比较复杂时更为实用。如果上装和丝巾颜色均较深时，下装的颜色不应太浅；当上装和丝巾同为较浅的相近色时，整体则应有一些其他颜色点缀。

（2）丝巾与下装的相近色搭配：丝巾与下装做相近色搭配时，如果两者的颜色都比较深，上装选择浅色的短款，能在视觉上有效拉长身高；反之，如果选择的上装颜色深，则不适合身材矮小的女性穿着。

（三）丝巾与不同色衣物的搭配

丝巾与衣服的颜色并不统一，也不是相近颜色的情况，此时突出某一方的颜色是比较实用的方法。如果两者的颜色都非常抢眼，则应保证在纯度上互相协调，并尽量避免在正式场合穿着。

（1）突出丝巾的搭配方法：为了突出丝巾而选择中性色衣服（特别是黑白两色）是保险而实用的方法，这样做不仅能使整体的亮点非常明显，也能摆脱单调感。如果选择一些彩度低的衣服，应注意在明度、风格等方面的协调关系。

（2）突出衣服的搭配方法：当衣服的颜色比较突出时，与前面所说的原理相同，丝巾选择中性色或彩度低的颜色都没问题。但此时要调整丝巾的大小，或恰当地选择图案，以确保丝巾应具有的装饰效果。

三、男士围巾的搭配

围巾不仅是冬日里的保暖利器，更是时尚搭配的点睛之笔。选择合适的围巾，可以提升整体着装的格调，展现个人魅力。

（1）根据身材选择围巾的技巧：对于身材瘦小的男性来说，选择款式简洁、色彩柔和的围巾，可以在不过分夸张的同时，增添一抹温暖的色彩。而对于身材较为强壮的男性，深色系的围巾会是更佳的选择。深蓝、墨绿或是深灰色，这些颜色不仅显瘦，还能凸显出一种稳重的气质。

（2）根据气温或场合选择不同的围巾用法：在围巾用法上，不同的方法可以适应不同的场合或温度。搭肩法：将围巾在脖子上缠绕一圈，然后将尾部一前一后搭在同侧肩上。这种方法适合秋季微凉的天气，既随性又不失优雅。保暖法：将围巾在脖子上缠绕几圈，然后将围巾的尾部扎在缠绕好的围巾里。这种方法则是冬日里的首选，多圈的缠绕能够有效地锁住温度。雅痞式：将围巾挂在脖子上，尾端稍微交叉，整体藏在西装或风衣内侧。这种方法更加随意，适合那些追求自由与不羁风格的人。

围巾的选择和搭配，反映了一个人的品味和生活态度。它不仅仅是一个简单的配饰，更是个性和风格的表达。

第三节　包的搭配

一、包的种类与搭配要诀

（1）肩包：肩包是能背在肩上的所有包的统称。包的大小、材质、肩带长短的不同，给人的感觉也不同。肩带长至臀线以下的长带肩包，适合搭配休闲服装；如果肩带的长度只到腰线上一点，质地为金属或者纤细狭长，就适合搭配正装。尤其是大号包，要尽量选择肩带宽的，这样才不会因为肩膀的压力过大而导致肩膀酸痛。

（2）斜挎包：一般都有个盖子，适合作休闲包或学生上课的书包。

（3）大提包：这是一款可以挂在胳膊上或用手提的包，多为无封口的开放式设计。通常兼有提手与肩带，可以根据造型巧妙搭配。因为只用胳膊和手来支撑包的重量，所以如果包太大或太重，背着、提着容易产生疲劳感。在环保热潮的带动下，出现了许多帆布材料的大提包。这种包多用皮革以外的材质制造，如果尺寸适中，可以搭配休闲服装出席普通聚会。

（4）小书包：外形像大提包，通常被称为波士顿包。刚推出的时候，学生们用得多。这款包能装重物，有两个提手和一条长肩带，实用性很强，现在也用来搭配正装，平时出席普通聚会也可使用。

（5）手提包：外形与大提包相似，提手较短，主要搭配正装。如果想提着去上班，那就选择一款可以装文件的正方形手提包。

（6）新月包：这款包的形状就像垂挂在天际的一轮新月。整体看起来松松垮垮，实用而舒服，主要搭配休闲服装。

（7）手包：这款包没有挎带，可拿在手里，分为派对包和普通包两种。派对包的尺寸较小，人造宝石等将它装饰得闪亮夺目，色彩艳丽；普通包款式简单，尺寸较大，平时外出也可携带。

二、包与服装的搭配

（1）按年龄搭配

年轻女性（20~30 岁）多用时尚感强、设计新颖的包，如迷你包、链条包、单肩包或个性手提包。款式可以更加大胆、有趣，颜色可以更丰富多样，比如亮色系或带有图案的款式。成熟女性（30~50 岁）推荐使用经典、大方得体的包，如手提包、托特包、真皮包等。颜色方面可以选择黑色、棕色、米色等较为稳重的中性色。年长女性（50 岁以上）更适合优雅简洁的包，如高质感皮革手袋、经典款手提包等。包型可以偏大气稳重，颜色以低调素雅为主，如酒红、深蓝、灰色等。

（2）按职业搭配

办公室白领适合托特包、手提包、大号肩背包，这类包通常容量较大，可以装下工作所需的文件、电脑等；选择简约、大方的款式，颜色方面选择黑色、灰色、驼色等百搭颜色，尽量避免过于张扬的设计，以保持专业感。创意行业从业者可以选择设计感较强、独特的包，如斜挎包、背包等，有时也可以选择亮眼或几何造型的包。自由职业者适合轻便、多功能的包，如背包、斜挎包等，既实用又适合日常移动办公。

（3）按季节搭配

春夏季节应选用轻便、颜色明快的包，如草编包、帆布包、小号手袋、亮色的斜挎包等，搭配连衣裙、短裙或休闲装，会让整体造型更显清新。秋冬季节则可选深色系、大容量、材质厚实的包，如真皮手提包、大号托特包、绒面斜挎包等，搭配大衣、毛衣等衣物，既能平衡整体造型，又显得沉稳。

（4）按气质搭配

若想体现优雅气质，可用结构清晰、简约大方的包，如经典款手提包、信封包等；想体现活泼俏皮气质，建议搭配小巧轻便的包，如迷你斜挎包、彩色包、链条包等；对于气质干练的人群，应用线条硬朗的包，如公文包、大号托特包等。

（5）按场合搭配

日常休闲场合应以休闲装搭配轻松舒适的包，如牛仔裤配上斜挎包，或者简单的连衣裙配上小巧的手袋，既实用又不失时尚；正式场合，如出席晚宴、婚礼或商务场合时，应选择质感上乘的手拿包或精致的手提包，与礼服或正式西装相得益彰，颜色以深色或金属色为主。

（6）按整体着装搭配

①同色系搭配法

同色系搭配法是最稳妥的一种搭配方法，选择与服装颜色相同或相近的包。比如，如果穿米色、驼色系的服装，可以选择同色系的棕色或米色包。这种搭配方法既和谐又有层次感，让整体看起来更精致大方。

②对比色搭配法

选择与服装颜色形成鲜明对比的包，来创造视觉焦点。例如，如果穿的是蓝色衣服，可以选择橙色或红色的包进行搭配，这样能增加造型的活力和时尚感。需要注意的是，虽然对比色搭配能引人注目，但最好保持简洁，避免过多颜色出现。

③中性色 + 点缀色搭配法

当服装以中性色（如黑、白、灰、驼色等）为主时，可以选择一个亮色包作为点缀。一身黑色的搭配可以配一个红色或黄色的包，给整体造型增添亮点而不会显得过于单调。这种搭配方法适合简约风格的穿搭，既显得高级又不乏时尚感。

④和衣服印花色彩呼应的搭配法

如果服装上有印花或图案，可以选择与其中某一个印花颜色相近的包。例如，一件带有红色花纹的连衣裙，可以搭配一个红色的包，让整体造型更加统一且富有细节感。

第四节　其他配饰的搭配

一、鞋履的搭配

（一）女鞋的种类与搭配技巧

1. 高跟船鞋

高跟船鞋指的是没有包裹住脚踝的装饰或鞋带，露出脚背的女士皮鞋。高跟船鞋一般有鞋口浅和鞋口深的区别。穿上鞋口浅的高跟船鞋，会或多或少地露出脚趾缝。女人穿这样款式的鞋子，会显得比较时尚、性感。浅口高跟船鞋是很适合年轻人的款式，没有太多束缚，给人比较青春轻松的感觉；鞋口深的高跟船鞋比较适合成熟女性或者上班族，前部包脚的部分较多，看起来保守又稳重。现在浅口高跟船鞋已经是主流高跟鞋款式，露出脚趾缝会更好看，脚瘦的人多露一些脚面，还可以显得脚修长。

2. 厚底鞋

厚底鞋，顾名思义，是指鞋底较厚的一类鞋。这种设计不仅能增加穿着者的高度，同时比较舒适。

在休闲场合，厚底运动鞋是绝佳选择。它们与宽松牛仔裤或九分裤搭配，可以营造出随性而时尚的感觉。此外，搭配简单的T恤或卫衣，也显得轻松舒适，适合日常出行。

厚底鞋也可以打造酷炫造型。搭配皮裤或黑色紧身裤，可以形成强烈的视觉冲击。上身可选择机车夹克或毛衣，增加层次感。这种组合无论在街头还是夜晚出行都极具个性。

对于女性而言，厚底鞋与裙装的组合也很受欢迎。例如，厚底凉鞋搭配A字裙或百褶裙，既保持了女性的柔美，又具有现代感。选择合适的配饰，如腰带或手提包，可以进一步提升整体造型的和谐感。

3. 锥形鞋

锥形鞋的前后是连为一体的，鞋跟（“锥跟”）多是麦秆或软材质。所以这种鞋有增高的效果，鞋跟对脚底的支撑较软，穿起来比一般的细高跟鞋更舒服，在炎热季节很受欢迎。

对于女性而言，锥形鞋可以搭配铅笔裙或修身连衣裙，既能拉长下半身线条，又能增添一份优雅气质。男性穿锥形鞋时，可搭配修身西装，这种搭配不仅能突出腿部线条，更能提升整体气质。

4. 平底鞋

平底鞋因其舒适性和时尚感而深受欢迎。平底芭蕾舞鞋是经典之选，可搭配连衣裙或百褶裙，能营造出优雅与休闲并存的风格。选择裸色或黑色的平底鞋，能增强整体的简约感。乐福鞋与修身牛仔裤或直筒裤搭配，既正式又不失随性，是日常通勤或休闲场合的理想搭配。运动风的平底鞋，比如小白鞋，则是百搭单品。无论是搭配休闲裤、短裙，还是运动风连衣裙，都能打造出清新轻松的形象。想要更具潮流感，可以尝试厚底平底鞋，搭配阔腿裤或中长裙，能有效拉长腿部线条。

5. 脚踝搭扣绑带鞋

在脚踝处有搭扣或绑带设计的鞋子包括高跟鞋、平底鞋或舞鞋等。绑带的设计不仅可以起到固定脚部、增加稳定性的作用，还能增加鞋子的装饰感，显得更时尚、优雅。

脚踝绑带鞋非常适合搭配连衣裙，尤其是短款或中长款的裙子，可以突出脚踝的线条，增加女性的柔美感；搭配短裤或短裙可以让腿部线条更加修长，绑带设计增加了造型感，非常适合夏季的清爽穿搭；脚踝绑带鞋搭配露脚踝的九分裤或卷边牛仔裤可以使整体造型显得时尚休闲。

6. 凉鞋

凉鞋样式种类繁多，不同款式适合不同的场合和搭配风格。平底凉鞋简单舒适，通常较为简洁，适合日常休闲穿着，可以与短裤、牛仔裤、连衣裙或沙滩裙搭配，轻松随性。罗马凉鞋带有多条交叉绑带，具有独特的异域风情，适合搭配飘逸的长裙、短裙或宽松的亚麻裤子。拖鞋式凉鞋即无后跟的拖鞋，穿脱方便，款式有简单的，也有华丽的，适合日常出行或海滩度假，可搭配牛仔裤、短裤、T 恤等休闲服装。坡跟凉鞋既增加了高度又保持了舒适性，适合搭配夏季的连衣裙、短裙或半身裙，既显高挑又舒适。

7. 短靴

短靴是一种长度至脚踝以下的鞋，是最短的靴子。

搭配建议：与打底裤和露脚踝的裤子搭配很时尚，尤其适合搭配中性服装，可以打造干练清爽的形象。

8. 及踝靴

及踝靴靴长至脚踝。因为是紧绷设计，所以显得小腿修长。而且这类靴子每个季节穿都很时尚。

搭配建议：适合搭配迷你裙和热裤，能遮住粗脚踝。如果是腿短的体形，丝袜或裤子的颜色要与靴子统一，这样会有拉长身高效果。

9. 高筒靴

高筒靴长至膝盖，是最为常见的长度。这种款式的靴子能遮住小腿的缺点。矮胖身材的人要选择有跟的款式，才能有拉长小腿、显瘦的功能。

搭配建议：巧妙遮住小腿，与任何下装搭配都不错。

10. 过膝高筒靴

过膝高筒靴长至大腿处，是最长的靴子。虽然看上去很难搭配，但如果搭配紧身短裙或短裤，便能打造出独特的形象，展现服装的魅力。

搭配建议：过膝靴与丝袜相配，性感美丽。但对于腿短的女性来说，这种款式多少有点难以驾驭。

（二）男鞋种类与搭配技巧

（1）牛津鞋：牛津鞋的襟片系带设计是封闭式的，适合出席一些正式和半正式的场合穿着。牛津鞋适合与礼服、黑色西服套装相搭配，适合出席一些高级宴会、音乐会或商务谈判之类的活动，给人以正式、严肃、庄重感。

（2）德比鞋：德比鞋的襟片系带设计是开放式的，适合出席一些半正式的场合穿，也很适合出席商务休闲或者商务旅行之类的活动穿，它比传统黑色牛津鞋更具有灵活性。穿棕色的德比鞋显得年轻又有朝气，可搭配灵动的配饰，比如花色的领带、波点的口袋巾、格纹的领结等。相较于正装鞋履，德比鞋多了一份休闲舒适感。

（3）僧侣鞋：僧侣鞋也被叫作“孟克鞋”，它标志性的特征是横跨脚面、有金属扣环的横向搭带。僧侣鞋最早出现于系带鞋发明之前的时代，因此是西方最古老的鞋履种类之一。它可以搭配商务装或者商务休闲装，更受年轻人的喜爱。

（4）乐福鞋：乐福鞋有懒人鞋履之称，最大的优点是容易穿脱，有便士、流苏、马衔扣三种款式。通常裸脚穿，可以搭配各种款式的休闲服装。比如牛仔衬衫、牛仔裤、夹克等。裤装以露出脚面的九分裤为好，清爽自在的同时让男士显得更加绅士。

（5）切尔西靴：切尔西靴设计简洁，低跟、圆鞋头、无鞋带、靴筒高至脚踝，一般侧面会有松紧带收紧靴筒。切尔西靴多为麂皮或绒面材质，可呈现休闲街头造型。

（6）沙漠靴：沙漠靴比切尔西靴的筒身要低，鞋帮高出踝骨 2~3 厘米。采用的是开放式鞋襟设计，一般会有 2~3 个鞋带孔，款式休闲。可搭配各式休闲装，同牛仔裤搭配显得非常酷。

（7）马丁靴：它有 8 孔系带，鞋边黄色针脚及独特的鞋印图案，成了不同年代的潮流文化标记。马丁靴有多种颜色，搭配牛仔裤、卡其裤时，可以把裤腿挽起，显示出其野性、粗犷的一面；与机车装、摇滚装也是标配。

一套精美的服装如果没有一双与之呼应的鞋履相配的话，就会给人的整体美带来几分缺憾。鞋履与服装的搭配关键在于两者之间款式、色彩、质地均相配。通常鞋履要与服装的款式风格统一；鞋履的颜色与服装的颜色相同或相近比较好，穿起来显得协调雅致。

（三）女性鞋色与服装色的搭配

（1）同色系搭配：选择与服装相同或相近色调的鞋子，能延伸腿部线条，使身材更显高挑。例如，穿着海军蓝连衣裙时，搭配深蓝色或黑色鞋子，会显得沉稳而优雅。

（2）对比色搭配：利用色彩对比营造视觉冲击，增加亮点。如红色连衣裙配黑色高跟鞋，不仅突出服装主色，还增添了魅力。

（3）中性色搭配：白色、米色、灰色等中性色鞋子，具有百搭特性，适合搭配多种颜色的服装。

（4）金属色点缀：银色或金色鞋子为造型增添现代感和奢华感，适合搭配简约或深色系服装，适合晚宴或正式场合。

在搭配中，整体平衡与和谐最为重要，选择适合的鞋色能有效提升穿搭效果，体现个人风格。

（四）男性鞋履与服饰的搭配

1. 鞋和裤在款式造型上的组合

（1）牛仔裤和运动鞋

牛仔裤和运动鞋是一个经典且永不过时的组合，适合休闲场合。各种牛仔裤与各种运动鞋搭配都很自然、随性。修身牛仔裤能很好地展示运动鞋的设计细节，而宽松牛仔裤则给人一种更加随意和舒适的感觉。

（2）正装裤和皮鞋

正装裤和皮鞋这一组合是商务场合的首选。正装裤与皮鞋相辅相成，体现出专业和成熟的气质。黑色皮鞋与深色正装裤是经典搭配，而深棕色皮鞋与灰色或卡其色正装裤则更显时尚。

（3）休闲裤和乐福鞋

休闲裤和乐福鞋适用于商务休闲和日常活动。休闲裤的款式多样，有卡其裤、修身裤等，搭配乐福鞋可以营造出一种轻松而又不失品位的风格。乐福鞋与休闲裤非常百搭。

2. 鞋和裤在质地上的组合

（1）粗花呢裤子与压花皮鞋相配更有生气。

（2）涤绒裤可以配绒面革或麂皮皮鞋。

（3）棉麻裤可与猪皮面轻便鞋或细帆布鞋搭配。

（4）高筒靴子与牛仔裤更受年轻人的青睐。

3. 鞋和裤袜在颜色上的组合

现代人的服装讲究色彩搭配，鞋袜也不例外。最正统、最易协调的配色方法是裤、袜、鞋采用同类色组合，再庄重的场合也适用。裤与鞋用同色系，而袜子用不同的颜色搭配，这是城市中流行的、略显随便的配色方法。裤子为其他颜色，鞋和袜子用同色系，这种搭配更能突出个性。鞋、袜、裤三者分别采用三种不同的颜色组合，运用得当也会产生很好的效果，但需要有较高的艺术欣赏水平。

（五）鞋子与体型的搭配

各种体型选择鞋子时的技巧如下。

（1）短粗腿、胖脚：能遮住脚背的款式是不错的选择。对于这种情况，建议不要强调脚背线条。像玛丽珍公主鞋、圆头鞋能有效地分散聚集在脚背部分的视线。鞋头有装饰的款式也很好。

（2）短粗腿、瘦脚：适合脚背处深开口的清爽款鞋子。高跟船鞋或T形绑带鞋能将大部分脚背袒露在外，显得脚部很修长。

（3）瘦长腿、胖脚：选择大面积遮住脚背部的款式。鞋头圆、包裹住脚踝的搭扣绑带鞋，能凸显出长腿，同时遮住胖乎乎的脚背。能够强调瘦长腿的懒人鞋和鱼嘴高跟鞋也很适合。

（4）胖脚、脚面宽：尽量不要穿尖头款的鞋子，这只会凸显其劣势。前面有装饰的高跟船鞋，或T形绑带鞋都能或多或少地遮住胖脚与宽脚面。

二、帽子的搭配

在讲究服饰搭配的今天，人们对帽子的要求似乎更加高，因此帽子成为不可忽视的饰品之一，也是现代流行中的亮点。

（一）帽子的分类

根据不同的造型、用途可以把帽子大体划分为以下几类：礼帽有宽檐软呢帽、圆顶礼帽、高筒礼帽等，是适合男子在正式场合穿戴的帽子；豆蔻帽、宽边帽、药盒帽是装饰性较强的帽式，适合女士在正式场合中戴；钟形帽，女士在正式场合和日常生活中都可以戴。贝雷帽、翻折帽、鸭舌帽、棒球帽、渔夫帽男女都可以戴，是日常生活或旅游时的实用帽型。根据不同的场合选择合适的帽子，能透露出着装者的品位，也更能突出着装者的形象。

（二）帽子与服装的搭配

帽子既有实用功能又有装饰功能，同时还是一种礼仪的象征。一顶合适的帽子，加上得体的戴法，能够衬托出一个人的身份、地位和修养。穿戴时需注意帽子的款式、颜色是否与服装相配，同时还要考虑帽子造型是否与本人身材、脸型、肤色、发型、头部的大小、脖子的长短以及肩膀的宽窄相协调。一顶合适的帽子能够起到画龙点睛的美化作用。因此帽子在与服装搭配时，要注意以下六个方面。

（1）帽子与服装风格的统一：在选择帽子与服装搭配时，需要注意款式以及场合。经典的礼帽常与正式服装如西装、礼服搭配，以彰显优雅的气质。休闲风格的服装如牛仔、T恤则可以配棒球帽、渔夫帽，体现出随性与活力。某些设计独特的帽子，如宽檐帽、贝雷帽，可以为简约的服装增添一丝艺术感与时尚气息。在正式场合，简约而不失优雅的帽子如礼帽、小圆帽较为适合，而在休闲聚会或户外活动中，可选择款式更加多样化的帽子来展现个性。在搭配时，要注重整体的比例、层次感，适当运用配饰，如围巾、手套，与帽子相互呼应，增强整体效果。

（2）帽子与服装色彩的协调统一：帽子的颜色应与整体服装的主色调相统一。同色系的帽子，可以轻松营造出一种和谐感。例如，若服装主色为浅蓝色，可以选择深蓝或灰蓝的帽子，保持一致。在此基础上，运用不同深浅的色调变化，使搭配更具层次感。强调色彩呼应也是一种有效的方法。帽子上的某一细节颜色可以与服装上的细节颜色相呼应。在掌控好色彩比例的前提下，运用对比色可以使帽子成为视觉焦点，同时不至于显得突兀。在春夏季节，可以选择明亮、轻盈色彩的帽子，而秋冬则适宜选择深沉、温暖色彩的帽子。此外，正式场合通常需要更加低调和内敛的色彩组合，而休闲场合则可以大胆尝试个性化的色彩组合。

（3）帽子与服装材质的协调统一：帽子的选择应根据服装的整体风格来进行。如在正式场合，西装或礼服通常选用高档面料，如羊毛、丝绸或天鹅绒。因此，帽子的材质也应与之匹配，选择羊毛毡或者丝绸材质的礼帽能提升整体质感。羊毛毡帽子质地坚挺，与羊毛西装相得益彰；丝绸礼帽则能与丝质连衣裙搭配，提升优雅感。休闲装的选择较多，但仍需保持协调。例如，牛仔服饰通常可以搭配棉布、帆布或针织帽子。这些材质与牛仔布的粗犷质感相符，可以营造出轻松随意的风格。针对运动装，帽子的材质则以轻便为主，棉质、聚酯纤维或尼龙材质的帽子不仅轻便，而且具有良好的透气性，与运动服材质相一致。此外，服装材质的光泽也影响着帽子与服装的协调性。哑光质地的服装适合搭配哑光或稍微有纹理的帽子，以避免视觉上的冲突。而光泽度较高的服装，如漆皮或亮丝材质，则可选择面料光滑的帽子，如缎面帽，来增强视觉上的一致性。

（4）帽子与身材的协调统一：一般来说身材高大者帽子宜大不宜小，否则会给人头轻脚重之感；身材瘦小者帽子宜小不宜大，否则会给人头重脚轻之感。脖子短的人不要选择色彩鲜艳的帽子，身材矮小的人，衣、帽应同色，这样可产生连贯、延伸之感，使身材显得更高些。

（5）帽子与脸型的协调统一：脸胖的人不宜选用较小的圆顶帽，适合选用帽檐宽大的帽子；脸长的人可以戴宽帽檐儿的帽子；椭圆形脸的人适合圆顶帽；圆形脸的人适合帽冠较长、帽檐儿不规则的帽子，这样可以增加脸部的长度。

（6）帽子与肤色的协调统一：对于冷色调皮肤的人来说，可以选择与皮肤颜色成对比色的帽子。这类皮肤适合搭配深色或亮色的帽子，如黑色、深蓝色、紫色或酒红色帽子。这些颜色能够与冷色调皮肤形成视觉上的对比，使皮肤显得更加白皙、明亮。暖色调皮肤的人则可以选择一些色彩温暖的帽子，如棕色、米色、橙色或绿色的帽子。这些颜色可以与暖色调皮肤自然融合，凸显健康而富有活力的肤色。特别是大地色系的帽子，如卡其色、驼色等，非常适合暖色调皮肤，既不会显得突兀，又能增强整体气质。中性色调皮肤的人在选择帽子颜色时具有较大的灵活性。几乎所有颜色的帽子都能与中性色调皮肤和谐搭配。不过，在选择颜色时，可以根据具体的场合和服装风格来进行调整。如日常休闲搭配，可以选择一些中间色调的帽子，如灰色、海军蓝等；而在更正式的场合，可以选择黑色、深灰色等较为沉稳的颜色的帽子。

所谓“穿衣戴帽各有所好”，这句话展现了人们不同的审美情趣。什么样的服装选配什么样的帽子、适合什么场合，是我们着装时要考虑的问题。选择一顶适合自己的帽子，会显得与众不同，有助于个人形象的塑造。

参考文献

[1] 许可 . 服装创意设计实务 [M]. 南京：东南大学出版社，2017.

[2] 刘佟，周怡江，吴煜君，等 . 服装创意与设计表达 [M]. 上海：东华大学出版社，2023.

[3] 唐金萍 . 服装服饰创意设计研究 [M]. 长春：吉林美术出版社，2020.

[4] 杨晓艳 . 服装设计与创意 [M]. 成都：电子科技大学出版社，2017.

[5] 梁明玉；刘丽丽，何钰菡 . 服装设计 从创意到成衣 [M]. 北京：中国纺织出版社，2018.

[6] 任绘，修晓倜 . 服装材料创意设计 [M]. 长春：吉林美术出版社，2014.

[7] 辛芳芳，朱晶晶，纪晓燕 . 服装设计创意指南 [M]. 上海：东华大学出版社，2014.

[8] 赵萌 . 服装色彩创意设计基础 [M]. 上海：东华大学出版社，2013.

[9] 史林 . 服装设计基础与创意 [M]. 北京：中国纺织出版社，2006.

[10] 陈闻 . 服装设计的创意与表现 [M]. 上海：中国纺织大学出版社，2001.

[11] 王天歌 . 基于现代服装设计理念的纸质服装创意设计及应用价值 [J]. 中华纸业，2024，45（5）：136-138.

[12] 魏薇 . 图形语言创意设计元素在服装设计中的运用 [J]. 纺织报告，2024，43（4）：49-50，93.

[13] 李慧竹子 . 图形创意设计在服装设计中的应用 [J]. 染整技术，2024，46（4）：110-112.

[14] 林天池 . 中国传统色在现代服饰设计中的应用研究 [J]. 西部皮革，2024，46

（7）：117-119.

[15] 宋思喆．视觉传达图形创意设计在服装中的应用 [J]. 化纤与纺织技术，2024，53（4）：146-148.

[16] 郭若雯．拼布艺术在童装中的创意设计 [J]. 轻纺工业与技术，2023，52（6）：69-71.

[17] 彭鑫．非纺织材料在服装创意设计中的应用 [J]. 轻工科技，2023，39（5）：149-152.

[18] 付丹妮．视觉传达图形创意设计在服装中的应用探讨 [J]. 山东纺织经济，2023，40（7）：28-31.

[19] 楼碧漪．皮革面料在国潮风服装设计中的创意设计研究 [J]. 服装设计师，2023（6）：105-108.

[20] 宁静．基于零浪费理念的创意服装设计研究 [J]. 纺织报告，2023，42（1）：79-81.

[21] 曾思艺．中国传统龙纹在服装品牌形象中的创意设计研究 [D]. 杭州：浙江理工大学，2021.

[22] 徐畅．面向服装创意设计的图像风格迁移方法研究 [D]. 昆明：昆明理工大学，2021.

[23] 陈思莹．高级服装定制中旗袍的创意设计研究 [D]. 广州：广州大学，2018.

[24] 哈斯娜．皮雕艺术在皮革服装创意设计中的应用研究 [D]. 呼和浩特：内蒙古大学，2018.

[25] 王曦．纸质服装的创意设计及应用价值 [D]. 无锡：江南大学，2017.

[26] 郭常山．三星堆青铜器造型艺术元素在服装创意设计中的应用 [D]. 济南：齐鲁工业大学，2017.

[27] 官君．羊毛毡工艺在服装中的创意设计研究 [D]. 苏州：苏州大学，2016.

[28] 付雅莉．非服用材料在创意服装中的应用 [D]. 天津：天津工业大学，2016.

[29] 牟建彩 . 编织艺术在现代服装设计中的理论梳理与应用研究 [D]. 广州：广东工业大学，2014.

[30] 许勃 . 创意女装造型系列纸样设计方法研究 [D]. 北京：北京服装学院，2013.